中国古代建筑装饰艺术丛书

画栋雕梁

中国古代建筑装饰赏析

主　编　庄裕光
副主编　何兆兴　张爱红
参　编　徐　扬　朱国玲

古代建筑是祖先给我们留下的一笔珍贵财富，年代越久，越光彩夺目。走近古建筑，您会发现，先人的文化理念和审美情调竟能渗透到建筑的方方面面，各个角落。

这是一套帮助您了解中国古代建筑装饰之美的书，它想告诉您：汉之古拙、唐之雄浑、宋之规范、元之自由、明之厚重、清之华丽表现在哪里。北国的庄重、江南的秀丽、巴蜀的纯朴、塞外的阔大、西南的奇绝又呈现在何处。怎样才能“读懂”美丽彩画、精致雕刻、迷人装饰?

——这是一部通俗之书、图文之书、手册之书，也是一本有趣、有用之书。

图书在版编目（CIP）数据

画栋雕梁：中国古代建筑装饰赏析/庄裕光主编. —北京：机械工业出版社，2013. 1

（中国古代建筑装饰艺术丛书）

ISBN 978-7-111-40875-8

Ⅰ. ①画… Ⅱ. ①庄… Ⅲ. ①古建筑—建筑装饰—鉴赏—中国 Ⅳ. ①TU-092.2

中国版本图书馆CIP数据核字（2012）第301137号

机械工业出版社（北京市百万庄大街22号 邮政编码100037）
策划编辑：宋晓磊 责任编辑：宋晓磊 刘志刚
责任校对：潘 蕊 责任印制：乔宇
北京画中画印刷有限公司印刷
2013年1月第1版第1次印刷
184mm × 250mm · 14印张 · 338千字
标准书号：ISBN 978-7-111-40875-8
定价：69.80元

凡购本书，如有缺页、倒页、脱页，由本社发行部调换

电话服务	网络服务
社服务中心：（010）88361066	教 材 网：http://www.cmpedu.com
销 售 一 部：（010）68326294	机工官网：http://www.cmpbook.com
销 售 二 部：（010）88379649	机工官博：http://weibo.com/cmp1952
读者购书热线：（010）88379203	**封面无防伪标均为盗版**

前言

人类从赤身裸体到用兽皮、树叶、织物遮体，再到追求具有美感的服饰，经历了上万年的漫长岁月。古语云：“仓廪实而知礼节，衣食足而知荣辱。”自神农教民耕作、知棉麻可以纺线织布，嫘祖创造蚕丝能织绸做衣以后，华夏先民在服饰礼仪方面，走在了世界的前列。

与服饰文化一样，中国建筑也是世界公认的最古老的原生态建筑体系之一，也是经历了从“构木为巢以避群害”开始到建造房屋，最终形成独立体系这样一个必然过程。大约在公元前十世纪的西周时期，先民掌握了制造砖瓦的技术，脱离了“茅茨土阶”的简陋状态。春秋时，《诗经·小雅·斯干》最早用诗歌咏颂上古建筑艺术形象：“如跂斯翼，如矢斯棘，如鸟斯革，如翚斯飞”句中“翼”、“鸟”、“革”、“翚”、“飞”等字很自然地使人把鸟类飞翔和诗歌中所描写的建筑联想起来。从仰韶文化的考古可知，这些鸟形图案往往与坡形屋顶的形象有关。当时建筑的屋脊正中，都喜欢用太阳鸟（朱雀）作装饰，明显是延续着“如翚斯飞”的审美趣味。四川广汉三星堆和成都金沙的出土文物中，大量鸟形图案的出现，也说明了这一点（也有巴蜀史学家认为“此乃古蜀王鱼凫的图腾”，这也是一种观点）。至于内部装饰，史称：“鲁庄公丹楹刻桷”，即把宫殿主入口两旁的柱子刷成红色，在瓦桷子的端头刻上美丽图案。“山节藻棁”，是指在坐斗的表面画山水画，在木屋架的短柱上画卷草纹样。古代典籍上有先秦咸阳宫殿内部“木衣绨绣”（即以丝绸作软装饰），“土被朱紫”（地坪也铺红色地毯），以显示宫廷富丽豪华的文字记载。

汉时，丞相萧何主张“天子以四海为家，（宫室）非壮丽无以重威”，已强调建筑之装饰要为皇权，即为政治服务了。自汉朝实行“罢黜百家、独尊儒术”以来，“礼义廉耻”、“三纲五常”成为安家、治国的正统理念，房屋的居住要遵守“尊卑有序”、“内外有别”的规则，建筑的布局、装饰、形制要与儒家礼制保持一致。

从魏晋南北朝直到隋初，几百年一直处于战乱之中，民不聊生，建筑少有成就。士大夫们纷纷避乱乡野，造就了一群“采菊东篱下”的遁世田园诗人。人们对未来感到迷茫，佛教在中国迅速传播，新建寺院跟不上发展的需要，一些逃离城市的达官显贵，纷纷将居所捐献给佛教作寺院，此即“舍宅为寺”之风。佛教以佛骨塔为中心的早期佛寺平面布局，逐渐被四合院的结构所代替，建筑装饰也随之而变。

唐代是中国封建社会的极盛时期，泱泱大国享誉世界，万国来朝。唐代早期建筑朴实无华，屋顶舒展平缓，出檐较长，门窗简朴实用（门为板门，窗多直棂窗），色彩简洁明快（赭红色木梁柱，白色粉墙，深灰色屋面），结构和装饰统一，没有专为装饰而附加的配件。这些正是盛唐气魄的体现。由于与日本和东南亚诸国进行宗教和文化交流，建筑装饰和室内陈设增加了一些异域情调。唐代建筑遗存很少，但从仅存的几座珍贵遗存来看，我们所说的中国气派、盛唐风韵已见一斑。

宋代因推行“程朱理学”，使建筑及装饰更强调秩序和规整，社会风尚也趋于严谨。唐代女性生活和服饰的某些解放又转为封闭，甚至以“三寸金莲”这一梏桎，把她们困于深深的闺阁之中。明清建筑在稍许自由的元代之后重新强化封建伦理，建筑及装饰的发展

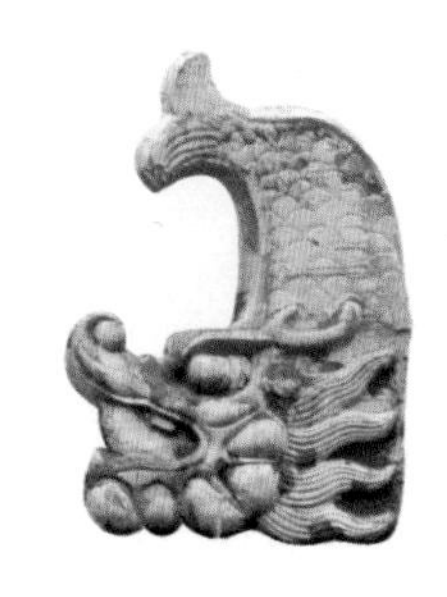

深受封建礼制和儒家学说的约束。清雍正时期，工部颁布的《工程做法则例》，明确地规定了使用斗拱的等级和官式彩画使用的范围。

这些是几千年来中国建筑的发展脉络。本书想尝试介绍：在这漫长的历史过程中，各个朝代在建筑装饰上主要表现形式和成就是什么呢？了解了这些有意思的问题后，当您再迈入古代建筑大门时，就可以看得更多、更深。

出身没落贵族的曹雪芹，在《红楼梦》中以大量的文字描写当时外戚和贵族豪华府第的规模、布局，以及奢靡的装饰等，使我们历历在目。那么除此之外，平民的住宅，帝王的宫苑，装修、装饰又是怎样的？这有待我们去了解。

我们也大体知道，明朝时，土木营建的清规戒律很多，建筑装饰也必然有所反映，如各类祠堂，从大门入口开始，地坪要逐步升高，供奉先祖先贤牌位的寝堂必为最高点。儒家奉祀孔子的“大成殿”，佛教供奉释迦穆尼的“大雄殿”，道教供奉三位尊神的“三清殿”，都必须是所在院落中规模最大、体量最高的建筑，允许采用重檐庑殿，只不过屋面色彩的等级，要适当降低，如皇宫的屋顶采用黄色琉璃瓦，它们只能用绿色琉璃瓦“剪边”。斗拱也是建筑等级的标志之一，采用斗拱的攒数（亦称朵数）和出挑的“踩数”（宋代称铺作），也要比宫殿有所减少。不过梁檩、天花、外檐、屋脊以及门窗、栏杆应该是群体建筑中装饰最庄严华丽，装饰工艺手法最精湛之处。了解这些知识，知晓不同建筑形成不同部位的装饰规律，欣赏其中的美，实在是大有讲究。

中国古代建筑的装修、装饰，不仅随时代演进，不同地区也是面貌各异，例如京津地

区孔庙与岭南沿海一带文庙架构、内外彩画油饰、外檐装饰和雕刻是有很大不同的。“天府”（四川地区）和“天堂”（苏杭一带）都有园林，不过，同是亭台、楼阁、厅堂、廊桥等，装修是大有区别的。说到晋中的祠堂与皖南的祠堂，甚至连大布局、结构、立面都有很大的差异，更别说木雕、砖雕、石雕这“三雕”工艺上的风格异同了。可见，由于地域，气候、经济、文化，风俗不同，在审美观念和材料、手法、色彩、工艺选择等方面都会大相径庭。这些都是建筑装饰的“门道”所在。

华夏文明几千年注重民生之“衣、食、住、行”，它们同样经历了从低级到高级，从蒙昧到文明，从实用性到艺术性的漫长进化。正如开篇所说服装是从赤身裸体，到毛皮、树叶、织物，再到色彩缤纷、轻薄华丽的“霓裳羽衣”。建筑是从穴居巢居到结茅建屋，直到高屋建瓴、雕梁画栋的辉煌巨构。我们编纂这套有关中国古代建筑装饰图书的目的，就是与读者共同解析古建筑装饰艺术。本书分上下两册，上册《屋宇霓裳　中国古代建筑装饰图说》主要谈古建筑装饰的中国风格、中国元素，谈不同朝代、不同地区、不同类型的建筑情况是怎样的，装饰题材和创意有什么文化的和民俗的内涵。下册《画栋雕梁　中国古代建筑装饰赏析》则主要揭示古建筑之美，它美在何处，它在哪些方面展现，我们怎样来欣赏它。共同的目的是从古人的创造里汲取一些智慧和养料，以便运用到自己的工作和事业中去。全书以图文并进的方式展开，叙述尽可能简白、精要，例举尽可能典型、丰富，但因水平及认识所限，书中不足处难免，恳请读者及行家指正。

庄裕光

目录

第一章 宫殿坛庙看建筑色彩

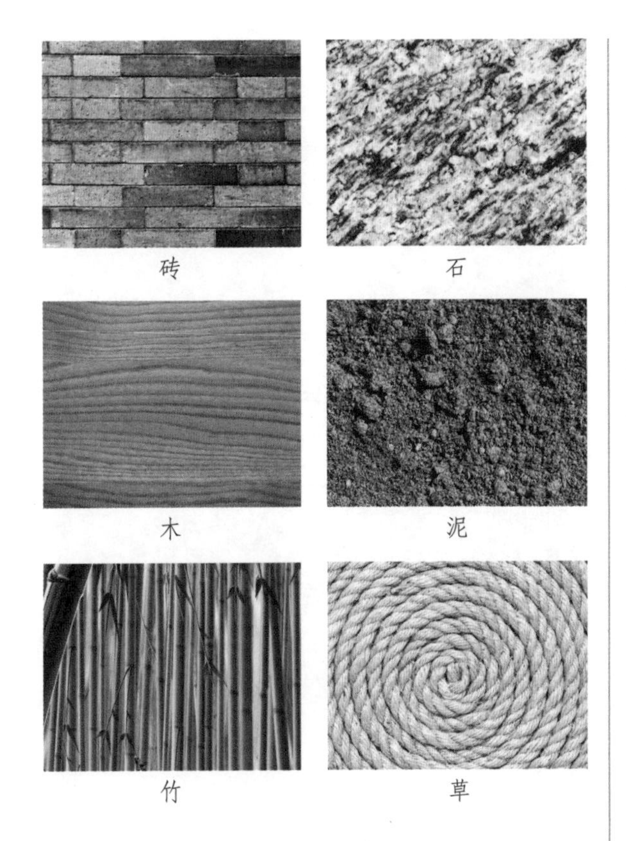
砖 石 木 泥 竹 草

自然界材料的色彩

我国传统建筑的色彩营造主要有两种手法：一种是充分利用天然材料的清素淡雅色调，如砖、石、木、泥、竹、草等建筑材料，呈现自然之色；一种是人工赋予繁丽浓烈的色调，如油漆、琉璃、彩画、壁画等，形成人工之色。后者在中国的宫殿坛庙建筑中表现得最为显著。我们了解和欣赏中国古代建筑的色彩，就从作为官式建筑的主体——宫殿坛庙入手，是最适合不过的了。

琉璃

油漆

彩画

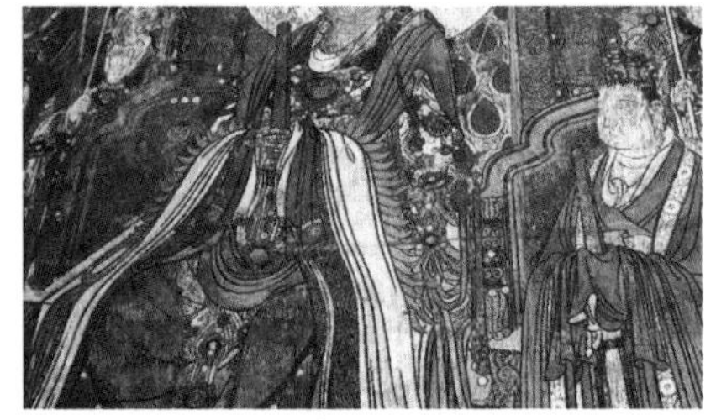

壁画

人工之色彩

一、宫殿坛庙建筑功能与建筑色彩

“雕梁画栋”是对中国宫殿坛庙建筑装饰艺术最准确的概括，其中“画栋”是指建筑物中色彩华丽、图案丰富的建筑彩画，这是中国建筑色彩重要也是最绚丽的组成元素。我国汉代以前的宫殿坛庙建筑多为夯土筑的高台建筑，围护结构主要也是夯土、土坯，建筑主体为以木材制造的抬梁式构架，建筑材料本身可以使用的色彩较少。为了突出宫殿建筑的庄重感和气势，多以矿物质材料或油漆对木构架进行彩绘装饰，以区别于普通建筑。宫殿坛庙建筑塗饰装饰遂与政治、伦理结合起来，艳丽而庄重，具有了区分尊卑贵贱的意义。汉代以前，宫殿建筑的色彩主要依靠木构架的彩绘，这也

我国汉代以前的宫殿坛庙建筑多为夯土筑的高台建筑（敦煌壁画）

为了突出宫殿的庄重感和气势，以矿物质材料或油漆对木构架进行彩绘装饰，自宋代形成了严格的规制（敦煌壁画）

云南大理荷花村晋墓出土陶阙

东汉绿釉陶仓

成为后世历代宫殿坛庙建筑色彩的主要构成元素。直至宋代，彩绘装饰形成了明确的制度，对内容、用色及范围都有了严格的规制，这种规制一直延续和演进到明清宫殿坛庙的建筑彩画中。

我国宫殿坛庙建筑色彩的另一元素是建筑砖瓦材料的颜色，尤其是颜色丰富艳丽的琉

北京社稷坛是明清两朝祭祀社、稷神祇的坛庙

北京天坛斋宫宫门，红墙、绿瓦、白色栏杆

璃砖瓦。琉璃砖瓦的使用让建筑在色彩营造上增添了更有表现力的材料。初期以屋脊、檐头装饰琉璃瓦为主，后来逐渐扩展至建筑的整个屋面、墙面，并出现各种饰件。最早出现的琉璃砖瓦颜色为黄、绿色，后逐渐增加蓝、红、紫、白、棕、褐等诸色，强化了宫殿坛庙建筑的艳、深、重、浓色调，使建筑越发华丽。如社稷坛是明清两朝祭祀社、稷神祇的坛庙，社

明清皇帝祭天处：天坛，此为圜丘及圜丘中心的天心石

社稷坛祭坛是呈正方形的高台

社稷坛以四色矮墙及东南西北四座石牌坊围合成，最北面设戟门。四周矮壇分别贴嵌青、红、白、黑四色琉璃砖

是土地神，稷是五谷神，都是农业社会最重要的神祖。该坛按照周礼所定，“左祖右社”的规制建造于天安门右侧，祭坛是呈正方形的三层高台，不仅四周矮墙按四个方向覆盖四色琉璃瓦，坛中还铺有中黄、东青、南红、西白、北黑的五色土，象征着金、木、水、火、土五行这万物之本。通过社稷坛的建筑色彩设计，我们可以发现，中国古代建筑色彩的运用既非随意，也非唯美，而是遵循功能性与装饰性的紧密结合。社稷坛四色琉璃、五色土既体现了封建礼制上的意义，具有象征性，又从形式上和色彩上使坛庙更加瑰丽、壮美，是功能性、装饰性成功地结合在一起的实例。

社稷坛中铺有中黄、东青、南红、西白、北黑五色土

二、宫殿坛庙建筑色彩的演变

春秋战国的宫室台榭建筑开始使用砖瓦材料，此为汉代的建筑用砖

我国历代宫殿坛庙建筑皆重视色彩的象征及装饰作用，形成了独具特色的建筑色彩文化。这种文化的形成大致始于先秦时期，经历了秦、汉、魏、晋、隋、唐、宋、元等多个朝代的发展，至明、清时期基本成熟。

从湖北省黄陂县盘龙城出土的商代遗址看，夏商时期的宫室、台榭木构件已施以主彩，色彩以矿物质颜料为主。由于制陶、冶炼和纺织等生产工艺的长期实践，人们已经可以熟练地运用矿物质颜料，如红色的赤铁矿和朱砂、黄色的石黄、蓝色的石青及黑色的炭黑等。周朝开始注重宫室建筑色彩的等级和象征意味，如《谷梁传·庄公二十三年》记载："楹，天子丹，诸侯黝，大夫苍，士黈"。除了梁架立柱刷朱红色之外，墙面刷白、地面涂黑也是此时期建筑色彩的主要特点。周朝的建筑色彩规制延续到春秋战国时期。春秋战国的宫室台榭开始使用砖瓦材料，战国起开始在瓦上多涂朱色以示威严。

秦汉是中国宫殿坛庙建筑的极大发展时期，建筑色彩愈加丰富。宫殿屋顶铺以灰瓦，墙壁砌砖，砖瓦多雕花或施彩，壁画使用黑、赭、赤、黄、石青、石绿等多种矿物原料绘制。柱枋涂以朱色，斗拱、梁架、天花施彩画，彩画主色调为黄、红、金、蓝。

魏晋南北朝是我国汉族与少数民族文化相融合的重要时期，加之佛教文化的不断渗入，建筑色彩的内容和装饰手段方面也体现了多种文化融合的特点。从现存敦煌壁画看，宫殿坛庙的建筑色彩在这一时期仍以朱、白两色为主，木架部分用朱色，墙面用白色，屋顶以灰、筒瓦为主。在建筑色彩的营造方式上，一方面，彩绘、壁画成为建筑装饰的重要手段，内容主要有宗教题材和装饰性彩画两类，颜色以土红色为主调，配以石青、石绿、朱砂、黑、白等，色调对比强烈。另一方面，这一时期宫殿坛庙建筑色彩的丰富和变化还在于琉璃瓦的更多应用。自北朝时期，琉璃瓦开始应用

魏晋南北朝是我国汉族与少数民族文化相融合的重要时期，建筑色彩雕塑等方面也体现了这种特点。

从现存敦煌壁画看，宫殿坛庙的建筑色彩在这一时期仍以朱、白两色为主

为了突出宫殿建筑，多以矿物质材料或油漆对木构架进行彩绘装饰，木架部分用朱色，墙面用白色，屋顶以灰、筒瓦为主

从唐含元殿大门及东西两阙复原图可以发现，这一时期的宫殿建筑大量使用琉璃瓦，除黄色、绿色外又有青色、红色

从出土的唐代琉璃建筑模型可以看出，隋唐时期，我国的宫殿坛庙建筑色彩空前丰富

宋代精美的雕花砖

宋代模压花砖

在宫殿建筑上，琉璃瓦主要为黄、绿两色，且按照规定黄色琉璃瓦只有皇家寺院或皇帝的宫殿才能使用。

隋唐时期，我国的宫殿坛庙建筑色彩空前丰富。一方面，建筑油漆、彩画形成一定规模，并成为宫殿坛庙建筑色彩的主要表现手段。另一方面，这一时期的宫殿建筑大量使用琉璃瓦，颜色除黄色、绿色外又有青色、红色。黄色琉璃瓦成为皇室的专用色，其权利象征意味自此确立下来。

宋元时期，宫殿坛庙建筑色彩由唐代的华丽富贵逐渐转向清新淡雅。宋代建筑木构架上仍然有华丽的彩画装饰，但是一改唐代以前的暖色调，偏向于冷色调。彩画装饰也开始形成了固定的规制，分为五彩、青绿、土朱等几个不同等级：宫殿坛庙建筑可以使用五彩，次要建筑以青绿色为主，一般住宅则使用红色

宋代大殿建筑山西太原晋祠圣母殿

福建莆田元妙观三清殿，为宋代清新、淡雅风格

涂刷。彩画的绘制技法仍然以退晕为主，色彩层次丰富。元代建筑色彩承袭了宋代清雅的色调，但在图案组成上呈现出了蒙古族粗犷简约的特征。这时宫殿建筑的琉璃品种、色彩也逐渐丰富起来，琉璃砖、琉璃瓦大面积地贴饰于建筑之上，形成红、黄、青、绿诸色交相辉映的气势。

明清宫殿坛庙继承了历代优秀的建造技术，是历代建筑装饰的集大成者，在色彩运用上也是历代宫殿坛庙的最终总结和华丽呈现。

山西五台广济寺大殿柱头独角兽，元代遗物，呈现北方少数民族的粗犷特征

宋代建筑梁柱一般以红色涂刷

元代道教宫观永乐宫壁画

元代，琉璃的色彩已非常丰富。此为元代山西广胜寺飞虹塔局部

山西长治潞安府城隍庙元代建筑，色彩承袭了宋代清雅的色调，但在图案上呈现出粗犷、简约的特征

三、明清宫殿坛庙建筑色彩构成及寓意

我国古代宫殿建筑目前保存最完整的，当属明清两代在北京建造的紫禁城和女真人入关前建造的沈阳故宫两大建筑群。这两组建筑群落以黄、红为主色调，在金黄色的琉璃瓦、朱红色的门窗立柱和大面积的土红色墙面中，间以青绿色调的彩画，再衬以洁白的汉白玉色台基，色调组合丰富绚丽。这种以黄、红为主色调的色彩组合，体现了我国宫殿坛庙建筑色彩与封建礼制、伦理紧密结合，成为了分尊卑、别贵贱的手段之一。这是一种不可逾越的伦理规制，它使我国古代宫殿坛庙建筑的色彩有程式化倾向，丰富之余又略显单一。

北京紫禁城建筑群落以黄、红为主色调，间以青绿色调的彩画，衬以洁白台基，色调组合丰富绚丽

自唐初，黄色就成为了帝王的专用色彩

根据古代五行学说，五色配五方，“黄”为五色之一，土居中。“天玄而地黄”，故黄色为中央正色，地位在诸色之上。皇帝居万人之上，统治万民，居于中央地位，因此，自唐初，黄色就成为了帝王的专用色彩，也成为皇家建筑的主色，平民不得擅用此色。故宫建筑群中既有屋顶琉璃瓦的大面积黄色，也有立柱或匾额上点缀的小面积黄色，疏密有秩，错落分布。太和殿作为主体建筑，屋顶金黄色的琉璃瓦气势庄严，殿内殿外有色彩斑斓、富丽堂皇的金龙和玺彩画，殿内还有24根金龙盘绕或朱赤通红的通天大柱，殿顶正中是精雕贴金盘龙天花藻井，大殿正中立有金碧辉煌的雕龙御座及屏风，浓重的金黄和红褐色调，营造了一种属于皇家的威严庄重之色。

红色，是象征太阳的颜色，是火的颜色，也是人们最早接触到的色彩之一。红色自古就被人们认为是一种美好而吉祥的色彩。早期人类装饰用的兽骨和贝壳上，涂抹的正是红色。我国封建社会早期也将朱玄二色作为正色，并

以朱为首。明朝规定，凡专送皇帝的奏章必须用红色，称为红本。清朝也有相似的规定，皇帝批阅奏章需用红色，称为朱批；批定的奏章用红色发送，称为红本。红色被用于明清宫殿建筑的主色也就顺理成章了。另外，按照中国传统“五行相生相克”的说法，红色属火，黄色属土，火生土，因此红色几乎是宫殿建筑群落中面积最大的颜色，土红的宫墙、朱红的立柱、大红的殿门，不同层次的红色，热烈而寓意吉庆，营造了属于皇家的华丽与尊崇。

着红色龙袍的明熹宗朱由校

清朝皇帝的黄色龙袍

除了黄、红主色，明清宫殿建筑的装饰彩画用青、绿两色为主，并遵循“上青下绿”、“左青右绿”的严格规制。从阴阳五行学术上来讲，之所以选择青绿色，是因为中国宫殿建筑主体为木结构，木怕火，青绿两色象征“水”，水能克火。从色彩效果上讲，青、绿色彩画与大面积的红、黄暖色调产生了强烈对比，起到了良好的互补作用，打破了主色调的沉闷与庄严，多了几分清爽与绚丽，丰富了建筑群体的色彩感。明清宫殿坛庙建筑的彩画类型，和玺彩画、旋子彩画、苏式彩画各类兼有。在彩画中，初看颜色绚丽缤纷，实则有其规律，即以连绵不绝的青绿为基础色糅以金、墨，缀以红、黄，将其与红墙、黄瓦巧妙地连接起来。

明朝凡专送皇帝的奏章必须用红色，称为红本。清朝也有相似的规定，皇帝批阅奏章需用红色，称为朱批；批定的奏章用红书发送，称为红本

庑殿聚王气，金銮壮帝威

北京故宫太和殿被装饰成为一座金色的大殿

太和殿在全国木结构建筑中规模是最大的，这是明清两代举行庆典、登基、颁布重要意旨的地方。

北京故宫太和殿殿内色彩斑斓

太和殿金龙藻井

太和殿富丽堂皇的彩画

太和殿皇帝金龙御座

大殿内金龙盘绕的通天大柱

北京故宫青、绿色彩画与大面积的红、黄暖色调，产生强烈色彩对比效果，起到了良好的互补作用，打破了色调的沉闷与单一

我国宫殿坛庙建筑群在“天”与“地”，即上、中、下大面积色块的布局上独具匠心。这些建筑的台基大都以汉白玉、青白石、花岗岩等颜色相对素净浅淡的石材建造而成，素雅的色调成为各种绚丽浓重的建筑色彩的烘托，这种对比使各种建筑材料的颜色愈加分明。以汉白玉石材为例，其质感细腻、洁白晶莹，建筑台基非常适宜，因此成为宫殿建筑基座乃至地面的重要石材，其洁白淡雅的色调中和了艳、深、重、浓的建筑色彩，使整座建筑色彩更加和谐。北京故宫、沈阳故宫、山东曲阜孔庙、北京太庙等，均毫无例外地建造在高大、洁白的汉白玉台基上。历代帝王宫殿都是把建筑功能、性质、等级处理得极其严谨完美，在色彩、气氛上又渲染得庄严、壮美的成功范例。

建筑的台基大都以汉白玉、青白石、花岗岩等颜色相对素净浅淡的石材建造而成，素雅的色调成为各种绚丽浓重的建筑色彩的烘托

北京故宫彩画初看颜色绚丽缤纷，实则有其规律，即以连绵不绝的青绿为基础色，揉以金、墨，缀以红、黄，既强烈对比，又统一调和

北京故宫建筑均建造在高大、洁白的汉白玉台基上

汉白玉栏杆质感细腻、洁白晶莹

紫禁城以朱红色调显示皇宫的华丽与尊崇

不同层次的红色，热烈中寓含着吉利，营造了属于皇家的显赫和华美。

红色是宫殿建筑群落中面积最大的颜色（午门）

朱红的宫门（宁寿门）

红与金黄是紫禁城主色调（东路崇禧门）

土红的宫墙（东披门）

红色殿门（皇极殿）

四、琉璃色彩在宫殿坛庙中的运用

明清宫殿坛庙建筑群运用不同色彩琉璃瓦，丰富建筑的色调，调和了建筑的阴阳五行关系，同时兼顾建筑装饰。类似的实例，还可举出一些。例如在五行学说里，东方属木，为青色，主生长，明清两朝太子、皇子居住文华殿和撷芳殿（南三所）均在宫殿区东部。父皇居中统摄天下，中央属土，为黄色，因此宫殿区大面积使用黄色琉璃瓦。但太子、皇子地位比父皇低，儒家理想儿子、臣子必须要对父亲、皇帝示以谦卑、尊崇，因此他们的宫殿琉璃瓦只能一律使用绿色。再有，故宫神武门位北，北方属水，为黑色，其东西殿使用黑色琉璃瓦。所以故宫内建筑并非一律用黄琉璃瓦。故宫东华门内文华殿后的文渊阁是宫内藏书楼，也没有用黄琉璃瓦，而用黑色琉璃瓦顶，绿色琉璃瓦剪边，原因是黑色主水，以水镇火，以祈求藏书楼的安全。另外，天坛是明清两朝重要的皇家坛庙建筑，主体建筑祈年殿为三重圆形攒尖顶，是综合祭祀天地的圣殿。在明代三重殿顶的琉璃瓦颜色各异，最上层是青色，象征天；中层为黄色，象征地；下层是绿色，象征万物。到了清朝乾隆年间，三层屋顶都改成了蓝色琉璃瓦，天坛的功能也改为专门用来祭祀上天，祭祀日、月、地另辟日坛、月坛和地坛。

故宫皇家藏书楼文渊阁

文渊阁仿宁波天一阁，“天一生水”，意在水灭火，风水学中称“黑色主水”故用黑色琉璃瓦顶

清代，天坛祈年殿三层屋顶都改成了蓝色琉璃瓦

可见，中国宫殿坛庙建筑在色彩的运用上独具匠心。正如梁思成先生说："从世界各民族的建筑看来，中国古代的匠师可能是最敢于使用颜色、最善于使用颜色的了。"

山东曲阜孔庙作为历代统治者尊儒崇教的象征，其建筑色彩及建筑规制带有明显的象征意味。历史上曲阜孔庙大修15次，中修31次，小修数百次，无不以愈加吻合中国礼制为宗旨。其主体建筑大成殿为重檐歇山式，在清雍正年间修葺时，殿顶以黄色琉璃瓦取代了原来的绿色琉璃瓦，东西两庑殿顶用绿色琉璃瓦，以黄瓦剪边，按规定这种建筑规制在当时只有皇宫才可以使用，将其用在曲阜孔庙建筑上，

山西代县文庙绿色琉璃瓦屋顶

山东曲阜孔庙主体建筑大成殿，清代以黄色琉璃瓦取代了原来的绿色琉璃瓦

泰安岱庙是封建帝王君权神授的重要象征，享有最高的建筑规格，屋顶特许使用黄色琉璃瓦

同样是坛庙建筑的晋祠圣母殿以筒板瓦覆盖，黄绿琉璃剪边，有多种原因

说明清统治者利用儒家文化在汉族人心目中的根深蒂固，使其更加尊崇，进而强化儒家“天人合一”、“君权神授”、“君君、臣臣、父父、子子”的观念，巩固清王朝统治，这样的目的可谓极其明显。

又如泰安岱庙是历代帝王封禅祭天的场所，是封建帝王君权神授的重要象征，为显示泰山神至高无上的地位，岱庙享有了历代王朝最高的建筑规格，建筑色彩为“红墙黄瓦”，其主体建筑天祝殿殿顶为我国传统的重檐庑殿式，上覆等级最尊贵的黄色琉璃瓦，檐下八根明柱漆为大红色。这一最高规制建筑色彩彰显了建筑物的崇高地位，突出了岱庙，抬高了山岳神，也就强调了皇帝的地位。

同样是坛庙建筑，晋祠的大殿建筑形制、色彩与岱庙就有较大差异，其大殿于清代也修缮过，但其建筑色彩看不出皇家建筑“黄瓦红墙”规制，相反另具青山绿水小江南的意味。这一现象一方面由于晋祠历史极久远，与后来的统治没有什么渊源，另一方面也是后人为了维护晋祠古建筑群而有意为之。因此，晋祠的主体建筑圣母殿殿顶以筒板瓦覆盖，黄绿琉璃剪边，色泽均衡精致，掩映在自然柔和的色彩中，既庄严又和谐，难怪诗人李白在此会有“时时出向城西曲，晋祠流水如碧玉”的感慨。

第二章 皇家苑囿看建筑彩画

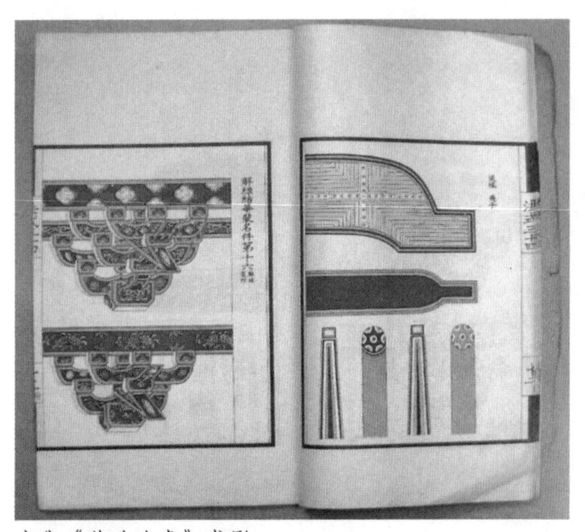
宋代《营造法式》书影

建筑彩画是我国传统建筑最为重要，也最具特点的装饰手法，它以矿物或植物材料加胶和粉调和制成颜料，在梁、枋、柱、斗拱、藻井等部位描绘图案，对建筑物的木构件进行髹饰，既防腐防虫，起到了保护木构件的作用，又美化了建筑物。

我国的建筑彩画出现较早，春秋时期已有建筑彩画的文字记载。至宋代《营造法式》中，李诫在总结前代经验的基础上，列出了一整套主要用于宫廷的建筑彩画规格及形式，详细规定了彩画的图形、用色及绘法，将建筑彩画分为五彩遍装彩画、碾玉装彩画、青绿叠晕棱间装彩画、解绿结华装彩画、丹粉刷饰彩画五种类型，五种彩画各有不同的应用空间和纹样，是完整系统的经验总结。明清建筑彩画仍然保留了宋代提出的彩画规制，但是在具体运

《营造法式》作者李诫像

用中呈现出了时代的特点。明代建筑彩画的内容和等级比宋代相对简单，图案内容多采用祥云霞光、龙头凤翅等，或莲花、瑞草、串枝西番莲、锦缎图案等穿插组合。色彩以青绿色系为主，多用退晕、沥粉、贴金等手法。

目前，我国彩画保存完整的实物主要以清代建筑为主。皇家苑囿是清代统治者怡情养性之所，一方面，其有皇家建筑的通常规仪，寓意深厚的皇权象征，且其规制相对程式化，色彩浓重艳丽；另一方面，它毕竟是供游逸的园林建筑，对江南造园模式有大量的的借鉴和吸收，因此也具有南方园林的诗情画意，这种诗情画意也表现在建筑彩画的绘饰上，故皇家园囿彩画与皇宫彩画有很大不同，内容及色调极具文人的雅致韵味。我们可以从皇家苑囿彩画

宋代李诫在总结前代经验的基础上，列出了一整套系统的主要是用于宫廷的建筑彩画规格及形式，详细规定了彩画的图形、用色及绘法。此为仿宋代彩画一例

檩枋回望绣成堆　叠晕点金古意深

珍稀的明代建筑彩画遗存

安徽黄山呈坎宝伦阁，宏伟的明代楼阁建筑

浙江东阳卢宅肃雍堂，明建

安徽黄山呈坎宝纶阁梁架彩画

浙江东阳卢氏世德堂明代彩画

宝纶阁仿叠晕点金锦绣图案的包袱彩画

入手来解读清式建筑彩画的艺术魅力。不少皇家园林（如避暑山庄、颐和园等）也保留着宫殿区，而有的宫殿是在内部辟出小院（如故宫御花园及故宫乾隆花园等），因此在介绍彩画时仍要把清代官式彩画的几大类讲一讲。

北京颐和园长廊梁枋彩画

一、梁枋彩画

北京颐和园游廊。梁枋彩画是绘制在梁、枋、桁等处的彩画，受建筑性质及用途的影响，皇家苑囿的长廊、亭、戏台、轩、楼等建筑梁枋大都使用形式相对灵活的苏式彩画

梁枋彩画是绘制在梁、枋、桁等处的彩画，这是清代官式彩画内容最为丰富和集中的地方。梁枋彩画根据等级、图案内容及其象征意义进行分类，由高到低依次为和玺彩画、旋子彩画、苏式彩画，前两者应用等级较高，在绘制内容及用金量上有严格的规定，表现形式相对程式化，苏式彩画形式洒脱自由，题材灵活。

受建筑性质及用途的影响，皇家苑囿的长廊、亭、戏台、轩、楼等建筑的梁枋，大都使用形式相对灵活的苏式彩画，极少使用程式化的和玺彩画、旋子彩画。和玺彩画、旋子彩画仅用于园林内部皇帝处理政务的殿堂、敕建寺庙的大殿或牌楼。

清代官式建筑彩画之一：和玺彩画

赏析

和玺彩画以龙凤为主要题材，和玺彩画只绘制在宫殿建筑的主要殿堂上，它们以龙凤为基本题材，配以祥云瑞草，多为沥粉贴金而成。

北京故宫保和殿殿内彩画

龙和玺彩画

龙凤和玺彩画

龙草和玺彩画

凤和玺彩画

北京颐和园德辉殿是皇家苑囿处理政务的宫殿，采用和玺彩画

（一）和玺彩画

和玺彩画，以龙凤为主要题材，色彩青绿相间。按照内容细分又有金龙和玺、金凤和玺、龙草和玺、苏画和玺等几种。它们以龙凤为基本题材，配以祥云瑞草，龙凤多为沥粉贴金而成。按纹样结构，和玺彩画依次为箍头、皮条圭线、找头、找头圭线、岔口线、方心、岔口线、找头、皮条圭线、箍头几部分。和玺彩画只允许绘制在宫殿建筑的主要殿堂上。以颐和园为例，施用和玺彩画的建筑主要是在涵虚牌楼、广润灵雨祠牌楼、东宫门、仁寿门、仁寿殿、颐乐殿、云锦殿、玉华殿、紫宵殿、德辉殿等建筑的梁枋处。

其中，金龙和玺是级别最高的建筑彩画。方心多绘二龙戏珠。找头内青地绘升龙，以示金龙升起；绿地画降龙，以示金龙绕地。盒子内绘坐龙，只用于皇帝登基、大婚、理政的殿宇中轴和礼制坛庙的主殿建筑中轴上，以示帝王的至高无上。如北京颐和园万寿山佛香阁，

北京颐和园万寿山佛香阁，皇家苑囿的礼制坛庙建筑也要用和玺彩画

其外檐装饰彩画皆为大面积沥粉贴金的金龙和玺彩画。金凤和玺彩画多沥粉贴金，升、降、团三种造型的凤凰图案，多用于与皇家有关的坛庙建筑上。龙凤和玺彩画用沥粉贴金制龙凤相间图案，寓意龙凤呈祥，多绘于宫殿的寝殿建筑上。龙草和玺彩画，绘龙草相间图案，草纹有西番莲草、法轮吉祥草（也称轱辘草）等，多用于皇帝敕建寺庙的主殿建筑上。

北京故宫龙凤和玺彩画用龙凤相间图案，寓意龙凤呈祥，多绘于宫殿的寝殿建筑上

（二）旋子彩画

旋子彩画，应用等级仅次于和玺彩画，可用于宫殿次要建筑、王府建筑、官衙及寺庙建筑等。旋子彩画的主要特点是在梁枋两端找头内画涡卷瓣的旋花纹样，方心按建筑等级绘制龙、龙凤、凤、锦、卷草和花卉等图案。其纹样排列次序为箍头、盒子、箍头、找头、方心、找头、箍头、盒子、箍头。梁枋长短不一，根据具体需要，短的梁枋也可不设盒子。

找头内绘制旋花是旋子彩画的突出特征。旋花是由三层或两层旋涡状几何图案组成的花团。因最外一层花瓣呈旋涡状，故名旋花。关于旋花图案的来源，雷圭元在《中国图案作法初探》中提出，该图案应该源于甲骨文中的“囧”字。“囧”字形为“ ”，意为月照窗明，旋子图案也用于表现光。找头内的旋花图案的组合可以根据额枋长度的变化灵活调整，具体图案组成主要有勾丝咬、喜相逢、一整两破等。勾丝咬，即只用一路互相勾连的旋花瓣组成纹样。喜相逢，即用整旋花与半旋花共用一路旋花瓣组成

北京颐和园万寿山佛香阁，回廊的梁架上绘有龙锦方心旋子彩画

清代官式建筑彩画之二：旋子彩画

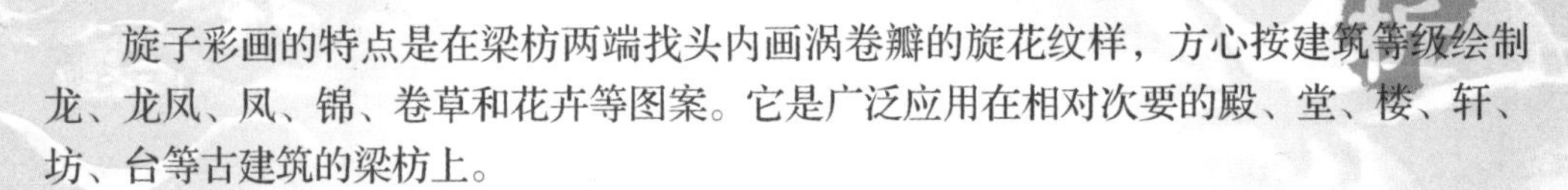

旋子彩画的特点是在梁枋两端找头内画涡卷瓣的旋花纹样，方心按建筑等级绘制龙、龙凤、凤、锦、卷草和花卉等图案。它是广泛应用在相对次要的殿、堂、楼、轩、坊、台等古建筑的梁枋上。

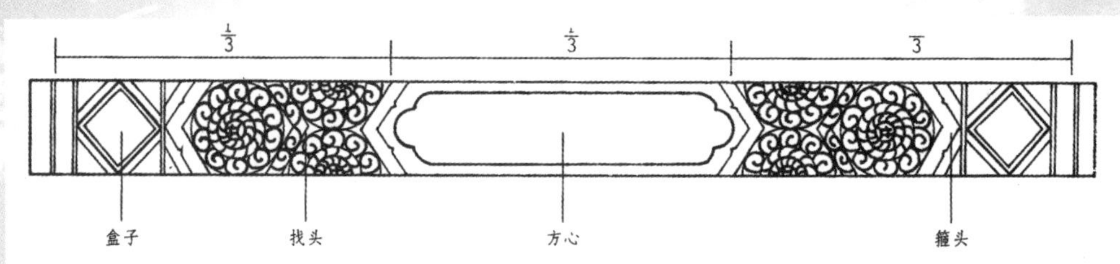

旋子彩画

旋子彩画以其构成主体图案的团花花瓣采用旋涡状花纹“”为突出特征，在各种建筑中运用非常广泛。是古代官式建筑彩画的主要类别。旋子彩画的构图有两种形式：一为“方心式旋子彩画”，这种构图应用最普遍；另一种为“搭袱子式旋子彩画”，这种构图实际应用较少见。在方心式旋子彩画中，其主题纹饰在方心图案中得到体现，主要有“云龙方心”“锦纹方心”“空方心”“一字方心”“花方心”“凤纹方心”“梵文方心”“夔龙纹方心”等八种方心，方心中的主题纹饰通常与建筑的使用功能相统一，且有一定的寓意内涵。

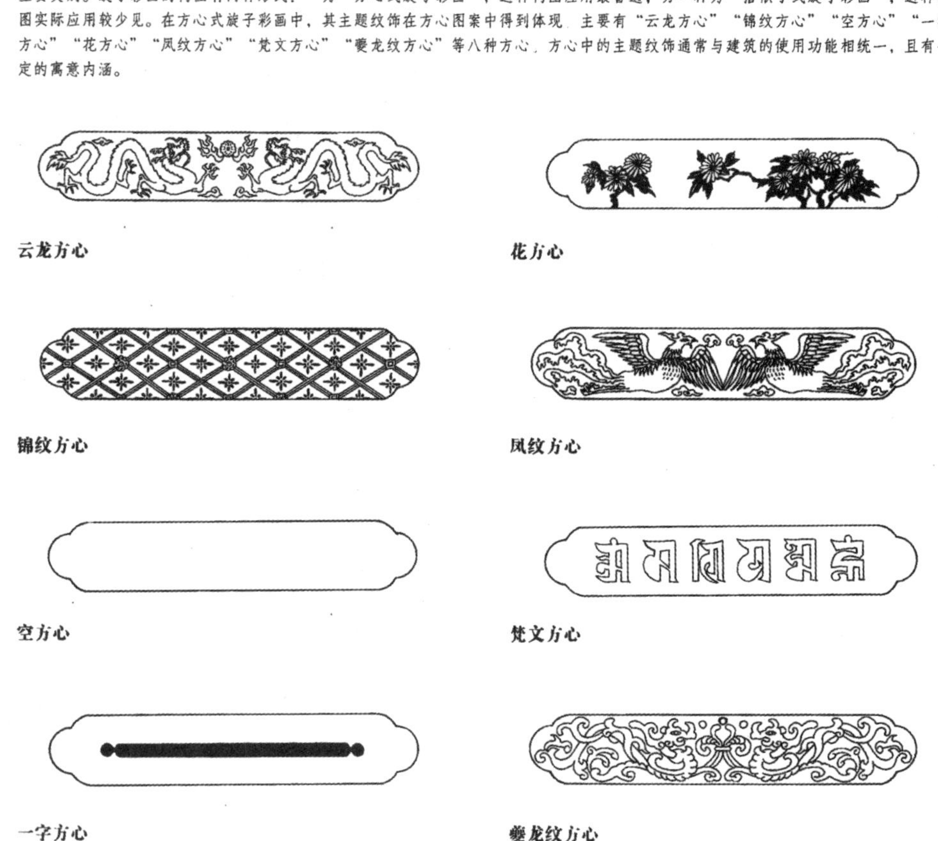

云龙方心

花方心

锦纹方心

凤纹方心

空方心

梵文方心

一字方心

夔龙纹方心

纹样。一整两破，顾名思义是由一个整圆旋子花和两个半圆旋子花组成。如北京颐和园万寿山佛香阁是皇家庙宇，其回廊的梁架上绘有龙锦方心的旋子彩画，旋花图案为勾丝咬。又如河北承德避暑山庄法林寺，正殿额枋也绘有龙锦方心旋子彩画，旋花图案为一整两破。

（三）苏式彩画

苏式彩画，源于江南苏州一带，是以山水风景、人物故事、花草鸟兽苏绣织锦为装饰图案

北京颐和园万寿山德辉殿牌坊龙锦方心旋子彩画

河北承德避暑山庄法林寺正殿额枋也绘有龙锦方心旋子彩画，旋花图案为一整两破旋子样式

北京颐和园万寿山乐寿堂牌坊龙锦方心旋子彩画

北京颐和园万寿山德辉殿龙锦方心旋子彩画

的彩画形式。因源于苏州，得名“苏式彩画”，俗称苏州片，其特点是较少用金，以素雅优美为风格特色。在清代传入宫廷，成为官式彩画的重要一种，多用于园林建筑的堂、轩、楼、阁、长廊、亭、台等的内外檐装饰中。与传统苏式彩画

苏式彩画其特点是较少用金，是以素雅优美为风格的相对自由活泼的彩画（苏州彩衣堂）

相比，进入宫廷的彩画有很大的变化，官式苏州彩画相应的加入了红、黄、紫等较为鲜艳的色彩，样式也有多种规定，但仍保持了苏式彩画的显著特点，色调明快，形式活泼，内容丰富，花鸟、山水、人物题材自由、丰富，有浓郁的生活气息。与和玺彩画和旋子彩画相比，苏式彩画在内容创作上有较大的发挥余地，是清代皇家苑囿最常使用的建筑彩画。据说慈禧太后就十分喜欢苏式彩画，故清代晚期兴建或重修的园林建筑，随处可见苏式彩画。

苏式彩画按照构图及绘画部位的不同，可以分为包袱式苏画、海墁式苏画、方心式苏画三种形式。

包袱式苏画的主要特点是将檩、垫、枋三个横向木构件作为一个整体，统一构图，先在中心线画上搭的包袱。包袱的外缘造型主要为退晕而成的菱形或圆弧形，包袱内可以绘制戏曲人物、传说故事、山水花鸟等多种题材。包袱两侧为箍头和找头。箍头常饰万字纹或回纹。找头上一般绘有卡子图案和博古、花草等纹样。卡子是找头绘制的椀花结草装饰纹样，用线工整、棱角分明者称为硬卡子，线条圆润不见棱角的称为软卡子。从构图上来说，箍头和找头上绘饰的卡子图案必须对称分布，找头

与传统苏式彩画相比，进入宫廷的苏式彩画有很大的变化，相应的加入了红、黄、紫等较为鲜艳的色彩（北京颐和园）

清代官式建筑彩画之三：苏式彩画

赏析

这是吸收了苏州地方彩画的画法，又与北方官式彩画相融合，主要用来装饰皇家园林的一种新型彩画，它具有自由、活泼、秀丽，实用性强、趣味性强，通俗直观的特点。

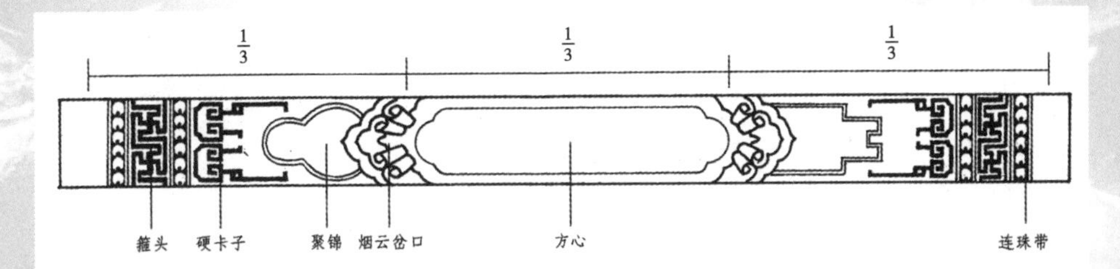

包袱式苏式彩画

方心式苏式彩画

包袱式苏式彩画

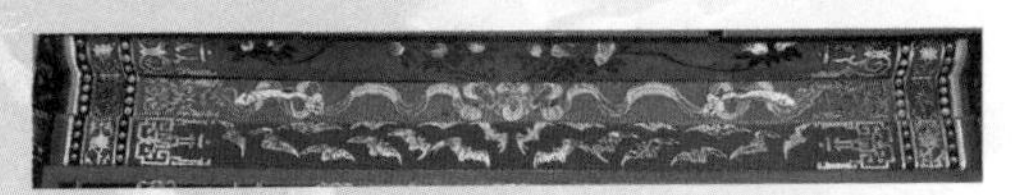

海墁式苏式彩画

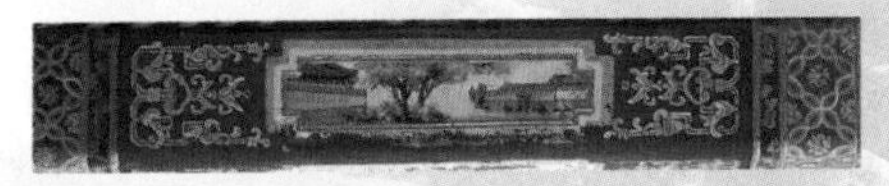

海墁式方心苏式彩画

北京颐和园人物题材彩画最为精彩，此为三国戏文《凤仪亭》，人物神态描绘生动

上的其他图案可以自由发挥。位于北京颐和园万寿山南麓的长廊内外绘制的多为包袱彩画。长廊全长700多米，共270多间，廊间的每根枋梁上都绘有彩画，共14000余幅，彩画题材包括西湖山水、花鸟鱼虫、建筑风景、人物故事等多种。其中人物故事彩画最为精彩，其原型既有取材于《三国演义》、《红楼梦》、《聊斋志异》、《水浒传》等中国古典文学名著，也有取材于《铡美案》、《杨家将》等民间戏曲故事，均以图像的形式直观地宣扬着忠、孝、节、义的传统伦理观念。如取材《聊斋志异》的“红玉”和取材《红楼梦》第二十三回的“艳曲警芳心”皆色调柔和，笔触细腻，尽显苏式彩画的柔美。取材民间传说的《风尘三侠图》则讲述了隋末志士李靖、红拂女和虬髯客三人结义，共助唐王李世民打天下的故事。

海墁式苏画是苏式彩画中构图形式最为自由的一种样式，其找头和方心连为一体，两侧分设箍头，箍头内可加绘卡子，也可以没有，箍头和卡子左右对称。方心部位没有框边或分界线，因而作画面积宽阔。图案一般选择适合较长方心区域的内容，可以为牡丹、菊花、石榴、海棠等折枝花卉或葡萄、牵牛花等藤蔓类植物，也可以是流云、博古、飞蝠等吉祥图

北京颐和园取材民间传说的彩画《风尘三侠》，讲述了隋末志士李靖、红拂女和虬髯客三人结义，共助唐王李世民打天下的故事

北京恭王府花园流杯亭方心式苏画，在檩、垫、枋上分别构图作画，方心式、包袱式，相辅相成，浑然一体

案。如北京恭王府花园澄怀堂次间的外檐梁枋的海墁式苏画，从上到下三道枋上分别绘饰了折枝寿桃、佛手、绶带如意、吉祥飞福。这座初建于明代的王府花园历任主人都权势显赫，如乾隆帝宠臣和珅、嘉庆帝胞弟永璘、道光皇帝六子恭亲王奕䜣等。方心式苏画，在檩、垫、枋上分别构图作画，纹样构成包括箍头、找头、岔口线、方心、岔口线、找头、箍头等部分。箍

北京恭王府花园澄怀堂梁枋海墁式苏画

北京王府花园万福门苏式彩画

头为万字或回纹。找头图案较丰富，花鸟、人物、植物皆可，且檩、垫、枋内容各不相同。方心图案可以为龙、凤等吉祥图案，也可以是风景、花卉或人物故事。方心图案外围一般绘有方心线，常见线型为卷草花边式、卷草框边式、弧线框边式几种。找头图案选择较为灵活，花草、博古等皆可。如恭王府花园流杯亭顶部檐檩的方心式苏画，方心图案为山水风景和吉祥花卉，找头绘制人物、花卉、动物等，内容多样且各不相同，卡子、箍头设色浓丽，是典型的官式苏画。

北京颐和园秋水亭梁枋苏式彩画

北京北海静心斋方心式苏画，在檩、垫、枋上分别构图作画，纹样构成包括方心、找头（卡子、盒子、箍头）等部分

方心式苏画箍头为万字回纹或四方连续纹。找头图案较丰富，花鸟、植物、锦纹皆可，且檩、垫、枋内容各不相同，可呈现各种画面

二、其他部位的彩画

（一）天花彩画

天花彩画是绘于屋内顶棚上的彩画，根据顶棚作法的不同，主要分为井口天花和海墁天花两种。

井口天花是清式彩画中规格最高的天花彩画，由支条、天花板、帽儿梁等构件组成。先由纵横支条构成井字形格，每格内安天花板一块，然后在支条和天花板上施彩。支条上的彩画一般在纵横支条交叉的部位画轱辘，四边延长的支条上画燕尾，称为轱辘燕尾。天花板上的图案形式一般是先画方外框，框内画圆形。方和圆线框之间的部分称为“方光”，圆内称“圆光”。“方光”内一般绘祥云图案，“圆光”内可绘制团龙、龙凤、双凤、鹤、花草等多种图案。河北承德避暑山庄的天花板，方光内绘饰如意祥云，圆光内书六字真言。六字源于梵文，象征一切诸菩萨的慈悲与加持，若此真言着于身、触于手、藏于家或书于门，皆能逢凶化吉，遇难呈祥。因护持意义强，六字真言天花板在清代皇室建筑中经常使用。

此外，由方形井口叠加形成的天花称为藻井，这是等级最高的天花形式，一般用于重要的宫殿和寺庙之中。藻井由方形井口层层叠加成八方形，再由八方形变成圆形的穹顶。各层

北京故宫宁寿宫团龙井口天花是清式彩画中规格最高的天花彩画

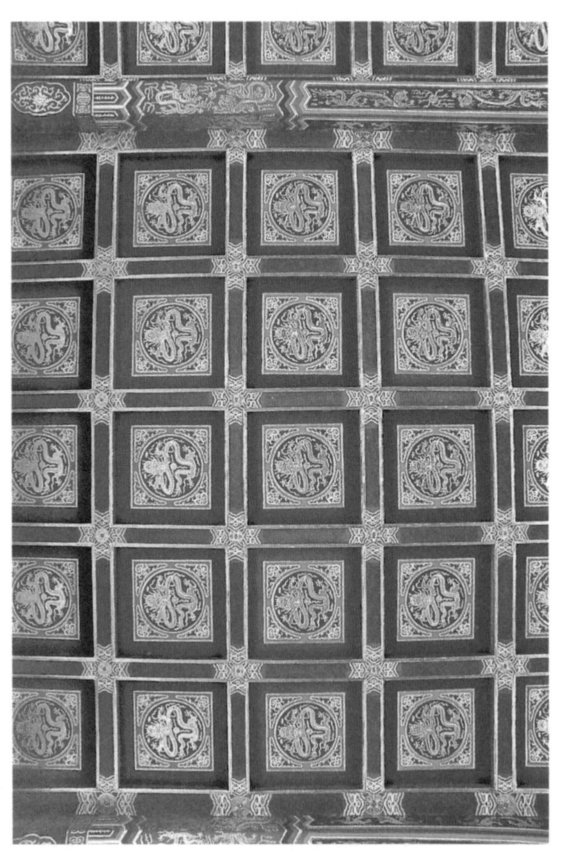

北京雍和宫“圆光”内绘制团龙的井口天花

北京故宫养心殿藻井由方形井口层层叠加成八方形，再由八方形变成圆形的穹顶，是规格很高的一种

北京故宫交泰殿藻井，数千个木构件构成，髹金漆

均有斗拱，一般做精致的雕刻装饰，有贴金的亦有彩绘的，前者比后者等级高。彩绘一般根据建筑等级作相应彩画内容。

海墁天花是在表面平坦的顶棚内的木顶格上裱糊麻布或纸，然后在其上彩绘图案。海墁天花可以每个开间为绘画单元，也可以几个开间作为一个绘画单元，多绘以花草、云头、宝物之类。因海墁天花形式较为随意，结构相对自由，多用于民间祠堂、戏台、寺庙或私家建筑，皇家苑囿戏台建筑中也有使用。

北京故宫倦勤斋室内小戏台梁架及天花均施海墁彩画

北京故宫倦勤斋天花藤萝海墁彩画局部

北京故宫漱芳斋戏台天花海墁彩画

北京故宫畅音阁戏台后部“仙楼”及“虹霓”处海墁彩画

北京故宫御花园绛雪轩斑竹纹海墁彩画

卷草流云皆入画，龙凤仙鹤绘天花

宫殿建筑天花彩画集绵

天花由支条、天花板、帽儿梁等构件组成。由纵横支条构成井字形格，格内置天花板一块，在支条和天花板上施彩。图案形式一般是方外框内画圆形，“方光”内绘祥云图案，“圆光”内可绘制团龙、龙凤、双凤、鹤、花草等多种图案。

北京雍和宫西番莲图案井口天花

北京雍和宫万佛阁梁枋及井口天花彩画

北京故宫畅音阁写生花井口天花

六字真言天花板在清代皇室建筑中也经常使用

北京雍和宫牡丹纹样井口天花

（二）斗拱彩画

斗拱彩画是绘于斗拱和垫板部分的彩画。斗拱一般为施色装饰，多为青绿色施金线、墨线或贴金，具体做法要与梁枋上的彩画施绘方法相呼应，如梁枋使用墨线彩画时，斗拱中的画线也均为墨色。垫板多为红色地，绘龙、凤、火焰、莲花等图案，其做法也要与梁枋彩画相统一。

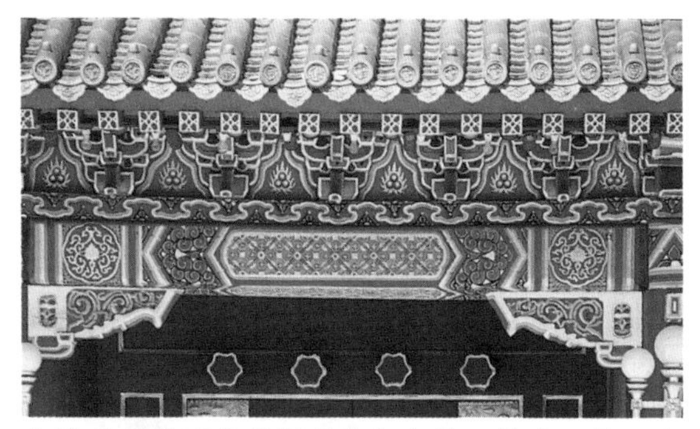

宫殿建筑檐下垫拱板多为红色地，绘龙、凤、火焰、莲花等图案

河北承德避暑山庄烟雨楼绘于斗拱和垫板部分的彩画

北京太庙明代斗拱彩画

北京故宫太和殿内梁檩和斗拱彩画

（三）椽望彩画

椽望彩画是指绘于椽子和望板上的彩画。清代一般建筑的椽望多为“红帮绿底”的油彩刷饰，皇家苑囿的重要宫殿建筑才会制作椽望彩画。椽望彩画分为椽头、飞椽头、椽肚和望板等部分。椽头彩画非常普遍，彩画纹样内容较多，圆形椽头画圆形寿字、龙眼，方形椽头则绘方寿、万字、栀子花、柿子花、十字锦等。椽肚一般多为青绿色，望板多为红色，只有重要建筑的椽肚和望板上才会遍施彩画，图案一般为西番莲、流云等。

数种清代官式椽头彩画

北京故官太和门东崇楼椽望彩画局部

第三章 江南园林看建筑装修

外檐装修是建筑室外的装修，有门、窗、隔扇、栏杆等小木作的装饰与处理，有丰富建筑立面和美化外观的作用（苏州环秀山庄）

中国古代建筑装修，是指对梁、柱等大木作之外的门、窗、隔扇、栏杆等小木作的装饰与处理，在《园冶》中称为“装折”。它是利用一定构件对建筑室内外空间进行分隔、改良和美化。按照使用空间和部位的不同，分为外檐装修和内檐装修两类。外檐装修是建筑室外的装修，涉及建筑维护、遮拦、通风、采光等功能，有丰富建筑立面和美化外观的作用，包括门窗、栏杆、挂落等。内檐装修是对室内空间进行分隔和处理，它可以补充和完善建筑物的功能，美化装饰室内环境，包括隔扇、罩、屏等构件。装修的构件虽然不像梁、柱等建筑物骨架那样在建筑中起着重要的承重作用，但也不是简单的美化，要在考虑建筑物木构件结构、功能及特点方面起着关键作用。

《园冶》中写道：“凡造作难于装修，惟园屋异乎家宅，曲折有条，端方非额，如端方中需寻曲折，到曲折处还定端方，相间得宜，错综为妙。”可见相对于一般建筑，园林建筑的布局和装修更为讲究。

苏州同里退思园一景。相对于一般建筑，园林的布局和装修更为讲究

一、江南园林的特征及形成原因

江南是文人墨客及士大夫们聚集之地，山水陶冶了士人们的性情。他们热衷造园，文人、画家参与设计建造，明显地体现了文人园林的特点

园林建筑布局往往以厅堂为主体展开，室内外通透，以隔扇、屏风、罩和漏窗等划分室外空间，空间处理疏朗灵活（苏州同里退思园）

园林用墙、垣、漏窗、走廊等划分空间（四川成都罨画池）

江南地区气候温和湿润、四季分明，优越的地理条件，利于各种花木的成长

江南园林以民间私家园林为主，多分布于扬州、无锡、苏州、湖州、上海、常熟、南京一带。园林建筑包括厅、堂、楼、阁、馆、轩、斋、室、亭、廊、舫、榭等形式。园林布局往往以厅堂为主体建筑，室内外通透，景物紧凑多变，用墙、垣、漏窗、走廊等划分空间。空间处理疏朗灵活，讲究“虽由人作，宛自天开”的意境，是江南文人追求的人与自然和谐共融的产物。

江南园林上述特点的形成与该地区的自然环境、经济、人文和社会发展等诸多因素密切相关。

江南地区气候温和湿润，四季分明，优越的地理条件，利于各种花木的成长。南方地区生长的楠木、松、柏、杉、檀木，为园林中的厅、堂、楼、阁、馆、轩、斋、室、亭、廊、舫、榭等木结构建筑提供了充裕的原材料，而易于生长的乔木、灌木、竹类、藤类植物则是园林重要的植物景观。江南地区盛产石材，太湖石、昆山石、龙潭石、宜兴石、灵璧石、平泉石等，形状奇异、色彩多变，是园林中人工山石景观的主要原材料。同时，丘陵湖泊地下水位较高，便于筑湖蓄水。这些都是江南园林得以兴盛的自然条件。

但是江南园林一般建于江南平原地带的城市中，一方面缺少可以直接借用的高低起伏的自然地形，园内的山石湖泊只能由人工堆叠筑造；另一方面，建于城市中的江南园林受环境

南方山地区生长的楠木、松、柏、杉、檀木，为园林中的厅、堂、楼、阁、馆、轩、斋、室、亭、廊、舫、榭等木结构建筑提供了充裕的木材

江南水乡，河道纵横地下水位较高，便于筑湖蓄水

园林建筑艺术在方寸中再造自然，对自然山水进行浓缩，于精巧细微处下功夫（无锡锡山及寄畅园）

制约，规模较小，没有皇家园林的开阔视野，只能在方寸中再造自然。对自然山水进行浓缩提炼，于精巧细微处下工夫，通过人工在咫尺之间创造出曲径通幽的山水之美。

江南山青水秀，景色优美，是文人墨客及士大夫们聚集留恋之地。山水陶冶了士人们的性情，与山水有关的诗、画、园发展起来，隐逸田园、寄情山水来逃避现实蔚然成风，“隐逸”成为士人文化的重要组成部分。江南以其特殊的地理条件和人文因素，成为文人士大夫们热衷的造园之地。受文学及绘画的影响，文人参与园林营建，画家参与设计建造，鲜明地体现了传统文人园林的特点，隐匿之情延续到了明清园林设计中。明清江南园林朴素淡雅、精致亲和，表达了文人士大夫阶层对自然的眷恋及回归。在题名中就表达出园主隐逸之情的园林就很多，如苏州拙

园景在题名中就能表达出园主隐逸之情，如苏州留园“鹤所”，寄“远离尘世，闲云野鹤”之意

苏州拙政园由画家文征明主持设计，其远香堂是园主隐逸田园思想的集中呈现。堂北有荷花池，夏日荷花盛开，微风吹拂则清香满堂，故名“远香堂”

江南园林建筑的装修格调以淡泊为理想境界，表现形式以简洁流畅为主（苏州拙政园）

政园，该园是明代进士王献臣官场失意，弃官回乡建造，取名“拙政”以自嘲，“其为政殆有拙于岳者，园所以识也”。该园由画家文征明主持设计，其远香堂是园主隐逸田园思想的集中呈现。堂北有荷花池，夏日荷花盛开，微风吹拂则清香满堂，故名“远香堂”。人工叠作的假山上建“雪香云蔚”亭，厅内悬挂文征明手书的“远香堂”匾及“蝉噪林愈静，鸟鸣山更幽”对联。山间遍植花木，田园之趣随处可见。园中建筑物的布局及空间安排在考虑形式美的同时，也注重实用性。景物虽小，功能尽有，反映了文人阶层虚实结合的审美情趣。

江南园林朴素、亲和、清静，表达了文人士大夫阶层对自然的眷恋及回归

江南宅第园林装修雕刻不太多，施彩更少，力求保留木材原色（扬州何园船厅）

二、江南园林的内外檐装修

江南园林建筑的装修格调与“隐逸”文化相契合，艺术手法以自然淡泊为理想境界。表现形式以简洁流畅为主，雕刻不多，施彩更少，力求保留木材原色。较少堆叠重复，突出自然山林的原野之趣，表现出了极高的工艺水平和极巧的艺术构思。

（一）外檐装修

1. 门窗

江南园林建筑中的门窗通常是为了突显园林造景的需要而设，讲究敞、开、隔、透，与园中花木扶疏、湖石相应的景色隔而相通，是园林建筑空间巧妙处理的主要手法，其板门、隔扇门、槛窗、支摘窗、横披窗等本身的结构及装饰也是园林建筑艺术重要的鉴赏对象。

板门是用厚木板或薄木板拼接起来用于建筑物的外门，有明显的隐蔽、防御性功能，是进入园林或庭院的主要门户，随主人身份的不同，其规格或等级也会不同，但总体来讲主要由槛、框、门扇、余塞板、迎风板（又称走马板）等几部分组成。

隔扇门，用于分隔室内外空间，门扇细长，可以拆卸，多用于明间装修，南方也称为长窗。隔扇的数量由建筑开间的大小决定，江南园林建筑的隔扇多为每开间四至八扇。隔扇

江南园林建筑中的门窗通常是为了突显园林造景的需要而设，讲究敞、开、隔、透，与园中花木、湖石景色隔而相通

隔扇门南方也称为长窗，多用于明间（苏州东山春在楼天香阁底层隔扇）

主体由隔心、绦环板、裙板三部分组成，四周边框叫边梃。隔心由棂条组成棂格或由準接的、雕刻的图案镶嵌而成。这种在门扇格心处搭出棂格的做法始于宋代，时称“格子门”。宋代以后，棂格样式越来越丰富，又有藤纹、夔纹等多种。清代江南园林的隔扇棂格也常以木雕做成花鸟虫鱼纹、几何文字纹等多种格式。棂格是门窗装修的重点。绦环板装饰分三种：一是光素无纹的简单平板样式；二是板心凸起有简单图案样式；三是板心凸起并雕刻十分复杂纹样。隔扇门下半部分的裙板也是装饰重点，其装饰手法一般与绦环板相呼应。江南园林的裙板常见多层木雕装饰，纹理细腻，雕刻精致，以山水、花鸟、人物、器物为题材。也有很多园林建筑隔扇门不用裙板，全用隔心做成落地长窗的形式，显得玲珑剔透。镂空的窗格花纹与园林的意境相合，更觉浑然天成。隔扇门位于建筑的主立面，尺寸较大，是建筑通风采光的主要元素，也是观看室外景色的主要视线路径。如拙政园远香堂四面都是空透长窗，透过长窗可以看到四面的古木、荷塘、青竹、湖石、假山，每一个方向都是一幅优美的图画。当房屋高度较高，为了增加建筑的采光量和通风效果，会在建筑物檐口下部，长窗上面再设横批窗。因其位置较高，一般不开启，主要做采光使用。但可以摘取，以保持室内的通风。

槛窗，做法与隔扇门相似，但没有裙板，其格心图案常与隔扇配套。多安装在白粉或水磨青砖垒砌的槛墙上，用于厅堂的次间以及暖阁的檐柱间，常与隔扇门共用。槛窗的底边与隔扇门的裙板处于同一水平线上，其棂格纹样与隔扇门隔心的棂格一致。槛窗的窗扇上下有

苏州留园琴室隔扇由雕刻的图案镶嵌而成

苏州网师园看松读画轩隔扇，隔心由棂格准接

园林隔扇门下半部分的裙板是木雕装饰重点

江南园林的裙板常见精彩的木雕装饰，纹理细腻，雕刻精致，多以山水、花鸟、人物、器物为题材（苏州东山春在楼裙板）

全用隔心做成的落地长窗，显得玲珑剔透，镂空的窗格与园林的意境相融，更觉浑然天成（苏州拙政园三十六鸳鸯馆）

槛窗常见于江南园林建筑中（苏州拙政园见山楼）

槛窗棂格与隔扇门隔心的棂格纹样通常是一致的

转轴，便于开启和关闭，有利于建筑的通风透气和采光，常见于江南园林建筑中。支摘窗，又称和合窗，可以根据自然条件调整窗子的开启方式和角度，从而满足室内采光、通风等要求。支摘窗通常分为上下两段，内外两层。上段为支窗，用于通风换气，可以撑起；下段为摘窗，固定不可撑起，但可在夏天摘除。江南园林建筑出于通风的需求，一般支窗较大，摘窗较小。花窗，也称漏窗、什锦窗，是江南园林常见的装饰景观，俗称为花墙头、花墙洞。

不用裙板的落地隔扇叫“落地明造”亦称长窗，通过长窗四望，每一个方向都是一幅优美的风景图画（苏州拙政园远香堂）

因为江南园林面积较小，要靠大量的墙体来分隔景区、开拓景深，在园墙上广开门窗便成了沟通空间的有效方法，花窗也因而具有了“通透”、“借景”的功能。漏窗通常位于走廊的旁侧、尽端或院墙的转角处。排列规整，间距一致，形式相似，不仅能使园内外空间通透、流畅，增加了景色的进深感，也能将园外景色借入园中。从漏窗观景，景物透过窗心花格时滤掉了细节，变得含蓄朦胧，人处其间，步移景换，打破了园林景观孤立、闭塞的格局，呈现出流动、变化的景观形态。还有一种漏窗，因窗形多变，称什锦窗。有的为单层玻璃，有的双层玻璃，中间置灯做灯窗，晚间可点燃。空窗，又叫窗洞，是在墙面上开挖出不装窗扇的窗孔，窗框为砖、木、石三种。形制较多，轩、亭、榭的空窗多用方形、横长、直长等式样，廊上的空窗形制较小，连续排列数个，式样也多有不同。空窗既有采光通风的实际作用，也有“框景”、“借景”的用途，透过空窗观景，景物被切割成若干相对孤立的单元，形成清晰稳定的框景，颇似悬挂于墙上的一幅幅图画，创造了小中见大、虚实相间、画中有画的景观效果。

漏窗不仅能使园内外空间通透、流畅，也能将园外景色借入园中，从漏窗观景，滤掉了细节，景物变得含蓄朦胧（苏州留园“五峰仙馆”漏窗）

漏窗通常位于走廊的旁侧、尽端或院墙的转角处，不仅能使园内外空间通透、流畅，还增加了景色的进深感

江南园林中异彩纷呈的什锦窗

什绵窗是用在游廊墙上的窗，因窗洞造型丰富多彩，所以称什绵窗。在北方四合院中和江南园林中什锦窗应用很普遍。

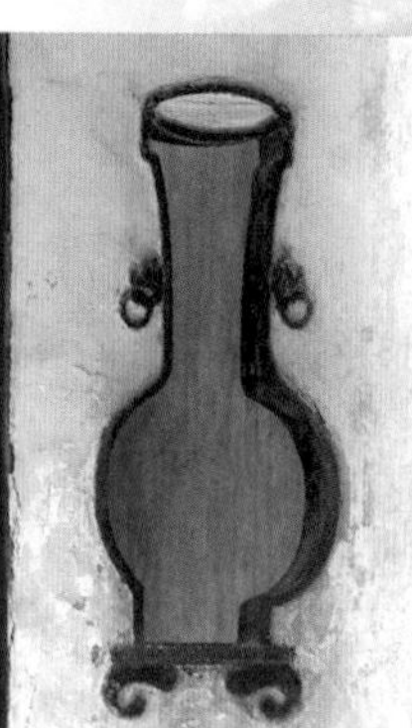

江南园林中造型多样、装饰性极强的什锦窗

园林中借景入园、框景入胜、通风透光的空窗

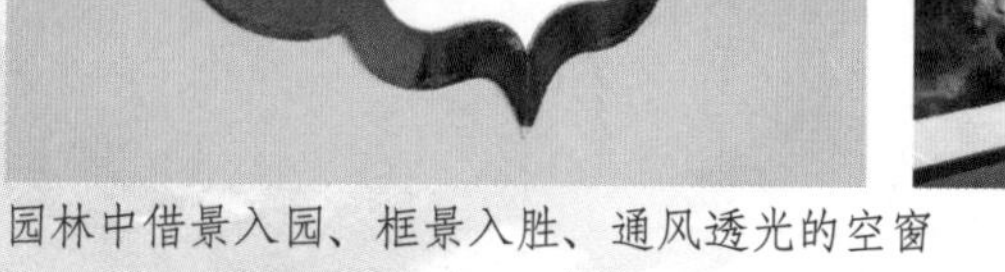

2. 栏杆

栏杆是江南园林建筑不可缺少的组成部分，一般用于园林的廊柱或临水亭榭间，是围护及供人休憩的构件，在丰富建筑物立面的同时起到空间界定的作用，也有框景的观赏效果。

栏杆构造形式以扶手栏杆、坐凳栏杆和靠背栏杆为主。扶手栏杆，多用于厅堂、阁楼的外檐廊柱之间，也用于和合窗之下代替半墙以通风。坐凳栏杆，在廊柱根部安装矮栏，上面架半尺或一尺多宽的平板，涂刷油漆为装饰，供游园者坐下休息，多用于厅堂外檐廊柱之间

园林里的栏杆用于长廊、桥上、露台或临水亭榭间（苏州拙政园小沧浪）

栏杆在园林里起到丰富建筑物立面作用的同时还能发挥界定空间的作用

扶手栏杆多用于厅堂、阁楼的外檐廊柱之间（扬州何园复廊）

或游廊列柱之间。靠背栏杆，俗称为美人靠、鹅颈靠，是在坐凳栏杆外沿安装靠背而成。靠背一般由木棂条拼装而成，靠背可弯可直，形式较多，一般设在园林临水的游廊、亭、堂、榭以及阁楼上，既方便游人休息又起到护栏的作用。

园林中栏杆能起到“框景”的效果

3. 挂落与花牙子

外檐装修的木挂落，是建筑檐柱或廊柱之间、额枋之下或坐凳之下的装饰物，多以细木条拼成多种装饰图案。有些地方把额枋之下的挂落称为“倒挂楣子”，坐凳之下的挂落称为

坐凳栏杆多用于厅堂外檐廊柱之间或游廊列柱之间

贴水楼台“美人靠”

赏析

园林建筑中的靠背栏杆集锦

靠背栏杆，俗称美人靠、鹅颈靠，是在坐凳栏杆外沿安装靠背，形式较多。它主要安置在园林临水的游廊、亭、堂、榭以及阁楼上，既方便游人休息又起到护栏的作用。

苏州拙政园听雨轩美人靠

苏州甪直河边的靠背栏杆

上海豫园会心不远亭游廊上的靠背栏杆

上海豫园一座厅堂前供人小憩的靠背栏杆

林公花园池边的美人靠

扬州卢氏宅园池边美人靠

上海豫园万花楼外檐挂落，也称“倒挂楣子”

苏州拙政园曲廊，下为坐凳栏杆和桥栏杆，上为“倒挂楣子”

“坐凳楣子”。“坐凳楣子”挂落由外框和花屉组成，其中外框为四边攒框，由两个边框和上下大边组成，底边多制作出凹凸变化的装饰效果。框高一般在30～50厘米，框长一般与柱间距离一致。花屉是指框内棂条拼成的各种图案，包括步步锦、万字纹、寿字纹、拐子纹、灯笼锦、金钱如意、卧蚕结子锦等。下面的木条图案一般与上面挂落图案相呼应。挂落两端下方贴着檐柱做出垂头，施以简单雕刻，制作成白菜头、莲花头等装饰造型。

垂头与楣子之间常装花牙子。花牙子是用料轻巧的一种雀替，不具有承托作用，是建筑外檐装修中常用的装饰配件。有木板雕刻和棂条拼

坐凳之下的挂落称为“坐凳楣子”，很通透

挂落两端下方贴着檐柱做出垂头，施以简单雕刻，制作成白菜、莲花、花篮等装饰造型（上海豫园点春堂）

无处不雕琢的“雕花楼”
无处不精美的“二十四孝图”

一座厅堂的绦环板可以设计成一整套花鸟、山水系列装饰图案，也可以设计成一组连环画式历史、人物故事。此为苏州春在楼绦环板雕刻“二十四孝”图的部分画面。

二十四孝故事之一“乳姑不怠”，讲述一孝妇以乳汁孝养长辈之故事

二十四孝故事之二“尝粪忧心“，讲述南齐一官尝父亲粪便以尽孝之故事

二十四孝故事之三晋代孝子雪中“哭竹生笋”，作羹奉母的孝举

二十四孝故事之四“闻雷泣墓”，讲一孝子每闻雷鸣即奔母墓上相陪之故事

楹联常与匾额搭配，是意境和趣味的叠加（苏州同里退思园）

苏州拙政园的玲珑馆内悬匾额“玉壶冰”，摘自南朝鲍照“清如玉壶冰”之诗句

接两种制作方式，雕刻图案有卷草、葫芦、梅竹、夔龙等，拼接图案以拐子纹为主。

4. 匾联

即匾额和楹联，多位于建筑物明间的檐下和两柱上，是园林建筑的显著装饰部位，最能体现园林建筑诗画意境及点明建筑物的主题。楹联常与匾额搭配，是意境和趣味的叠加。

匾联又是集诗文、书法与雕刻于一体的装饰构件。江南园林的匾联书法涉及篆、隶、行、草、正。历代名家书法、印章与雕刻相结合，装饰效果相得益彰。匾额及楹联内容以诗文为主，追求高雅的情调，讲究意境含蓄、立意深远。如拙政园“远香堂”匾额名出自北宋

厅堂匾联等陈设布置可集诗词、绘画、书法、金石雕刻于一身（无锡寄畅园）

扬州个园“清颂堂”楹联“几百年人家无非积善，第一等好事只是读书”咏物言志

周敦颐《爱莲说》中“香远益清”之句意，抒发了园主清高的处世情怀。拙政园得真亭隶书联“松柏有本性，金石见盟心”咏物言志，上联取自汉刘桢《赠从弟》诗：“亭亭山上松，瑟瑟谷中风。风声一何盛，松枝一何劲！冰霜正惨凄，终岁常端正。岂不罹凝寒，松柏有本性。”书联取诗文深远的立意，表达了园主清远的志趣。

江南园林建筑的匾额也是建筑意境最凝炼的概括，是单体建筑装修与装饰风格的灵魂，起到明显的“点景”作用。如苏州拙政园的“玲珑馆”内悬匾额“玉壶冰”，取鲍照诗“清如玉壶冰”，意指品格的“玉洁冰清”。围绕这个主题，馆内陈设装修的门扇铺设，乃至地面窗格，皆用冰纹图案，呼应主题。

（二）内檐装修

1. 罩

罩，是室内空间分隔的构件，讲究隔而不断，景断意连，能增加室内空间的层次感和节奏感。罩的尺寸和样式一般根据室内空间的大小而定，大致可以分为落地罩和飞罩两大类。

飞罩在形式上相当于用于室内的挂落，简单的飞罩仅用细木条拼接成花纹图案，与挂落几乎没有什么区别。复杂的飞罩则是以木板镂刻透雕而成，两端下垂形如拱门，多用于脊柱和纱隔之间。落地罩多用于厅堂内，也见于亭榭内，可分为自由式、纱隔式和洞门式三类。所谓自由式，即飞罩下垂两端落地，内轮廓线为不规则的门洞形式，雕刻图案以寓意吉祥或风雅清高的花木禽鸟题材为主，如岁寒三友、喜鹊登梅等。也有的在横披之下再安装飞罩。纱隔式罩即在开间立柱的两侧各装一扇纱隔，上装横披，轮廓线组合成落地罩，洞门式落地罩是落地两侧合围，使中部形成八方形、圆月形的门洞，其中尤以圆月形为代表，称为“圆光罩”或“圆月罩”。

2. 纱隔

纱隔是一种用于分隔室内空间的隔扇，因常在隔心处夹纱，纱上绘画题诗，极富情趣，故称“纱隔”。也有纱隔是在隔心处镶以实心硬木板，板上装裱或雕刻字画，也十分雅致。纱隔隔心装饰布局较为固定，中间长方框档内为诗文字画等，四周雕缠枝卷草等纹饰，或在四角雕刻回纹、万字纹等角饰，称为插角。纱隔是极富装饰性的室内隔断，其装饰题材是烘托室内气氛的重要构件。纱隔装卸方便，有喜庆活动需要较大的室内空间时，可以全部卸下，过后再重新安装，灵活性较强。

3. 屏

屏是由四、六或八条大小与纱隔相同、

罩在宫殿建筑和大型宅第中经常使用（故宫乾隆花园古华轩）

苏州同里退思园退思草堂左右次间冰裂纹“圆光罩”

巧妙格局，锦上添花

古典建筑装修中各种样式的“罩”

罩是一种示意性的隔段物，隔而不断，有划分空间之意。其作用是增加室内空间的丰富感，层次感和节奏感。花罩装饰性很强，以玲珑剔透富丽精美的镂空雕刻为主要特征，除楣子和须弥座部分，全部皆施空雕或透雕。

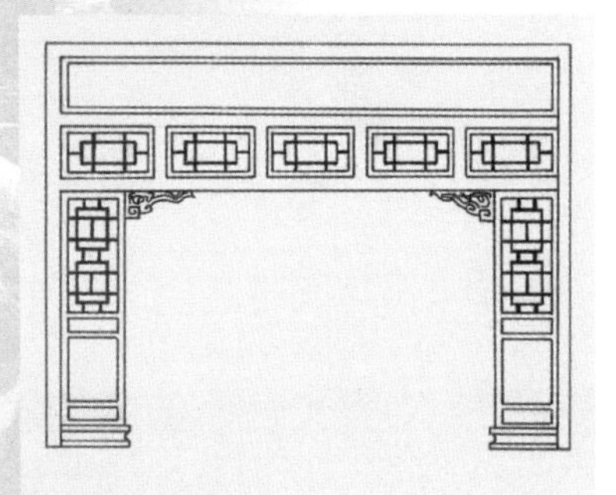

落地罩：在中槛以下紧贴抱框各安一扇隔扇，下段有小须弥座。中槛与隔扇相交处安装花牙子

栏杆罩：栏杆罩不用隔扇，而是在抱框与抱框之间，中槛与地面之间安装立框。立框与抱框之间装栏杆

圆光罩：花罩的门洞为圆形，故称圆光罩

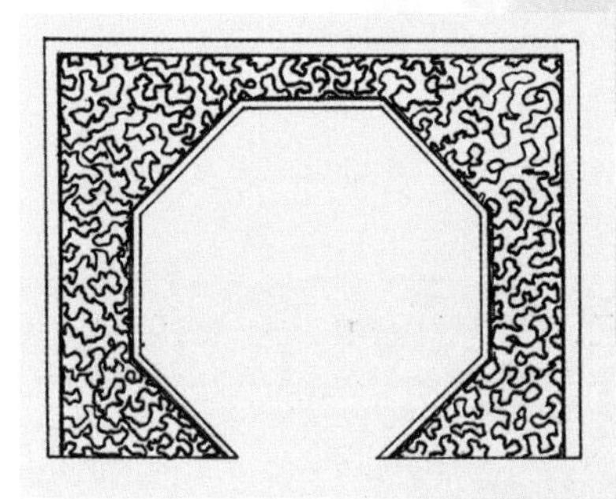

八方罩：洞口为八角形的落地罩，称为八方罩

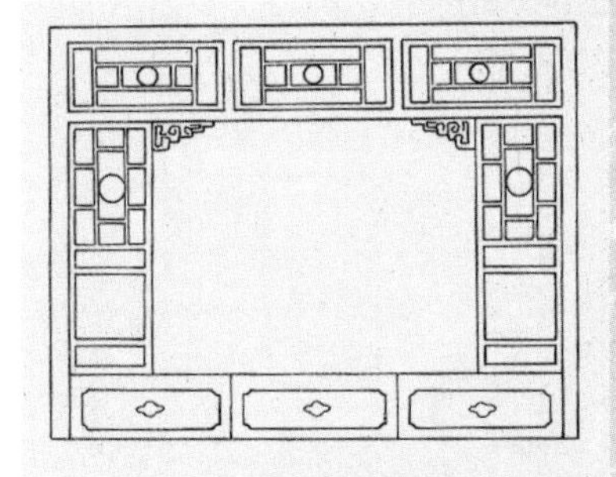

炕罩：用在炕沿或床塌前脸的罩类装饰，内侧安装帐杆，吊挂幔帐

造型优美、工艺精湛的洞门式八方形落地罩（苏州拙政园香洲）

扬州个园宜雨轩落地花罩，雕工精美

苏州同里退思园船厅落地罩

苏州留园五峰仙馆次间隔扇式落地罩

浙江东阳横店某宅栏杆罩局部

苏州园林厅堂精美的落地雕花罩

苏州留园洞天一碧厅碧纱橱局部

镶嵌了书画诗词的碧纱橱（苏州东山春在楼）

上海豫园亦坊碧纱橱局部

但没有边梃的板扇组成的平整的板壁，尤以六扇最为常见。江南园林的馆舍楼阁厅堂的屏风一般设于金柱当心处，用以遮挡楼梯或内室入口，并方便在前堂中间屏风前面布置条案、桌、椅凳等家具。也有的厅堂在当心间屏风的位置安装六扇纱隔，称为纱隔式屏风。在北方某些地方将此屏称做“太师壁”，前面置“太师椅”。

此外，用于室内空间分隔的构件还有博古架或书架。用上等木材做成大小不一、形状不同的横竖格子，有时也在边缘装饰精巧的花牙子，架上陈设珍奇古玩或书籍。大型博古架有在架的正中或一旁开设圆形、方形、瓶形的门洞，可谓一物多用。

扬州个园落地罩顶部有挂落相连，后置屏门

苏州留园鸳鸯厅碧纱橱

苏州狮子林花篮厅雕花屏门

扬州吴道台府屏门

江苏徐州户部山民居屏门，亦有木影壁的作用

第四章　徽州古宅看外檐装修

徽之为郡，皖、浙、赣三省交界处，险阻天成，山川秀丽，恍如世外的一小片桃源

古徽州书院私塾星罗棋布（安徽黟县南湖书院）

徽州，地处安徽南部的黄山、白岳之间，古称徽州府，下辖绩溪、黟县、休宁、祁门、歙县以及婺源六县，在历史上是一个独立的文化区域。

古人云：徽之为郡，在山岭川谷崎岖之中。就在这皖、浙、赣三省交界处，险阻天成，山川秀丽，恍如世外的一小片桃源。明清以来，古徽州由于得天独厚的原因而文风炽盛，不仅理学、画派享誉海内，徽墨也走向全国，书院私塾星罗棋布，出现了数位大儒。所以，讲中国文化史，决不能不说徽州。不过数百年来，使人们魂牵梦萦的是什么呢？明代剧作大师汤显祖赞颂的“一生痴绝处，无梦到徽州”又是何故呢？那就是徽州之地，“乡村如星列棋布，凡五里十里，遥望粉墙矗矗，鸳瓦鳞鳞，棹楔峥嵘，鸱吻耸拔，宛如城郭”的世外美景，明清以来的7000多座古民居、古祠堂、古牌坊、古戏台、古书院建筑和它们美轮美奂的精彩装修、雕刻艺术、典雅陈设，弥漫着醇厚古风，使人们慕名而来。

宋代哲学家、教育家朱熹像

古徽州出现过数位大儒，近代也出过数位文化名人（胡适故居）

“贾而好儒”成为徽州的精神支柱，即使从商家庭也以读书为荣

古徽州人家典雅陈设弥漫着的醇厚古风

一、徽商与徽州建筑

正所谓“七山一水一分田，一分道路和家园”，由于徽州地处盆地，山多田少，徽州人除从事男耕女织的传统农业外，同时依靠经商和读书另谋出路。据《徽州府志》记载，这一地区自古较少战事，被视为世外桃源，自魏晋始就吸引了大批中原人南迁于此。唐末五代和两宋，又有大量士族迁居于此，带来了中原先进的文化和工艺，逐渐将中原尚儒文化与当地文化融合，形成“十户之村不废诵读”的现象。从此儒学成为徽州的精神支柱，即使从商家庭也以读书为上。至明清时期，徽商大量涌现，徽州“十户九商”成为近代商业极为发达的地区。徽州逐渐因徽商而闻名遐迩，至清代更有“海内十分宝，徽商藏三分”之说。

徽商发迹后，纷纷返乡兴建宅第以示家业的成功和家族的兴旺，出现“盛馆舍招宾客修饰文采”、“扩祠宇置义田敬宗睦族”的景象，徽商大宅大量涌现。徽商返乡建筑屋舍，一方面受营建规制的限制，虽然家财丰盈，但在建筑面积尺度和规格上都要遵守礼制道德，不可逾制。既然不能如官邸王府般恢弘气势，只能退而求其次，在精巧细致处着手，将宅居建得小而精，并极尽装饰之能事。另一方面，徽州所处环境为典型的丘陵盆地，受自然条件的限制，房屋也不会像北方平原一样布局广阔，且山间盛产木材，为徽州民居建筑装修，提供了先天的条件。正如《歙县志》载：“屋庐之制，因居山国，木植价廉，取材闳大，坚固耐久。”

徽州所处环境受自然条件的限制，房屋也不像北方那样布局广阔，这是一座紧凑窄小的徽宅小院，主人将宅居建得小而精，并极尽装饰之能事

二、文人士大夫与徽州建筑和建筑木雕

“学而优则仕”的理想，和“十户之村不废诵读”的传统，使徽州文化名人辈出。大量徽商热衷于徽州书院建设，力图以科举改变家族的社会地位。《徽州府志》载，康熙年间，徽州有书院54所，社学462座，私塾更加盛行。明清两代，科举及第者就多达数百人，位列诸省前茅。期间，徽州人“父子宰相”、“同胞翰林”、“同科五进士”被传为佳话。这些官宦文人见识较广，建筑装饰的审美品位颇高，他们聘请匠人进行精雕细琢，并亲身参与建筑装饰的规划和设计，提高了徽州建筑木雕的文化品位。

明清时期，徽州尊礼崇儒的社会风尚孕育了新安理学、新安画派、徽州版画等一系列性格独特的徽州文化。大批书画家也直接或间接参与建筑雕刻样稿的绘制，进一步加强了徽州木雕的文化意味和艺术气息。

“父子宰相”、“同胞翰林”在徽州传为佳话，此为安徽黄山唐模 “同胞翰林”坊

“同科五进士”在徽州曾有出现，此为旌表曹家四代人均官授一品而建的“四世一品”坊

徽商热衷于书院建设，社学、私塾更加盛行，此为安徽歙县竹山书院大门

竹山书院主体建筑桂花厅，起名“桂花”是鼓励学子苦读，立志“摘桂”（考中科举）之意，据说，凡金榜题名者，都有在院中植桂一枝的荣耀

三、徽州建筑木雕与儒家文化

徽州建筑木雕带有明显的尚儒情绪，这种“亦儒亦商”的建筑木雕风格与文人士大夫、徽商的儒家思想有关。在古徽州，不仅崇尚儒家的文人士大夫，将儒家文化物化到建筑装饰中，徽州商人也同样重视儒家文化的传播及其在建筑雕刻中的表现。

儒家思想认为“君子见义忘利，小人见利忘义”，追求克制私欲，追求大义，不齿商人以追逐利益为目的的商业行为，这与徽州以创造经济利益为主的商业经济不甚相符。于是徽商在“以义为利”、“乐善好施”的口号之下，将“儒”、“商”理性地协调统一起来，正如徽州西递村的楹联：“欲高门第须为善，要好儿孙必读书”。徽州商人重儒的社会现象促进了儒家文化的广泛传播，而传播不仅限于精神层面，更需要具体可感的物质层面的传播载体。于是儒商将目光集中在建筑装饰上，创造了大量的“儒商相合”题材的建筑木雕。清雅秀丽，又经过具有一定文化素养的民间艺术家的充分发挥，使徽派木雕仍然充满文气和书卷气。

正是在徽商和文人士大夫的带动和参与之下，徽州建筑木雕既古拙大气，又灵动雅致。逐渐由单纯的建筑装饰构件演化为社会家庭教化的重要媒介，成为徽州地区儒家思想最广泛的传播方式。甚至可以说，徽州建筑木雕的出现本身就是儒家文化的附属品，它承担了儒家文化的社会教化功能，孝悌、中庸、忠义、及第，成为常见的主题。

徽州人重视儒家文化，在建筑雕刻中充分表现，安徽绩溪胡尚书第绦环板刻《四爱图》分别表现了王羲之爱鹅、陶渊明爱菊、周敦颐爱莲、孟浩然爱梅

徽商 “乐善好施”的口号，将儒与商、义与利理性地统一起来

“儒商相合”的古徽州人非常向往渔、樵、耕、读的恬静田园生活，这是一组表现这一主题的雕刻作品，画面完整、人物生动

安徽黟县桃源居门窗木雕《四爱图》

绦环板木雕《农家乐》，描绘了夕阳西下时，村民、牧童纷纷归来的生活场景

徽州建筑木雕承担了儒家文化的社会教化功能，孝悌、中庸、忠义、及第成为最常见的题材，此为表现孝悌主题的门头木雕《十老图》

徽州古宅堂屋前有轩，上有雕工精美的拱、梁和柁墩，主题为双狮绣球

四、外檐装修中的徽派木雕

徽州古宅木雕遍布于民宅、祠堂、书院、戏台等建筑中，而且在大木作（梁、栱、雀替、柁墩、枋等结构性构件）和小木作（门、窗、栏、挂落等装修类构件）中都有精彩表现。隔扇门、栏杆、挂落和徽州大宅特有的护净窗等，尤为精彩。这些经过雕刻的部位一般不用彩漆，只用桐油，古朴而雅致。也有少数雕刻后髹漆涂金的，以红、黑、金三色为主，色调同样沉着内敛。雕刻技法采用圆雕、浮雕、镂空雕等多种，雕刻精细、技法纯熟。

隔扇是徽州古建筑分隔空间的主要手段，在狭长的天井四周，巧妙地以木隔扇将室内外空间分隔成客厅、厢房、走廊等不同的功能区。如安徽绩溪瀛洲胡氏宗祠享堂内设有22扇，后天井四周总共设有66扇，将宅内空间进行了巧妙的分割。隔扇既是不同空间的遮挡，也是展现主人观念和精神诉求的地方，成为徽州古建筑外檐装饰的重点。隔扇上半部分一般为榫接或透雕而成的镂空花格，装饰复杂者会在镂空花格中间镶板，又叫“开光”，然后并施圆雕、平雕、浮雕、透雕等多种手法，甚至镶嵌瓷板画，以增加装饰。隔扇绦环板和裙板的雕琢更为讲究，以浮雕为主，重在表现装饰题材的意境。绦环板装饰题材以情节连贯或独立的传说典故，戏文人物为主。裙板装饰题材常见八宝奇珍、花卉鸟兽等吉祥图案。如黟县宏村树人堂隔扇门裙板，以细腻的刀工浮雕平安富贵图，花瓶精致，牡丹舒展，是典型的徽州木雕手法。

徽州民宅的厢房槛窗当地称净护窗，窗扇

安徽歙县徽商大宅院，这是一座三雕工艺品荟集的大院

祈福纳祥为主旨的吉祥文化深入百姓人心，体现寓意隐喻的雕刻装饰无处不在。此为祈祝平安的门头砖雕，平安、如意、聚财、生子、遇喜等内容 都包含其中

明代初年时徽州建筑的装修以平面浅浮雕为主，风格尚粗犷质朴（黄山市潜口明代建筑）

徽州清代装修工艺向复杂、精细风格方向发展，强化立体感，雕刻繁缛，目不暇接（安徽黟县卢村志诚堂，俗称“雕花楼”）

渔樵耕读“农家乐”，窗棂裙板“田园诗”

安徽黟县志诚堂“雕花楼”门窗

赏析

“不耻下问”生动刻划了一个颇有意义的民间典故

我国享有盛名的雕花楼有两座，一座在苏州东山、一座在安徽卢村。卢村雕花楼初建于唐代，当年曾聚富藏金，有跑马楼七座，人称“七家里”。其木雕将18世纪的乡村生活雕刻得温馨感人，据说为完成这批艺术杰作，四位工匠用了25年的光阴。这座“雕花楼”如今仍静静地守坐在皖南山区里。

隔扇裙板木雕“刘伶醉酒”，表现“竹林七贤”之一刘伶痛饮美酒的夸张神态

反映年俗的“百子闹春图”

民间传说故事“梁祝”

徽州净护窗三分之一以下部分设挂板，既可遮挡视线，又不影响窗上通风采光，当地亦俗称“槛窗衣”。此为安徽黟县宏村民居槛窗衣 “八骏图”

图案以镂雕为主，通常在三分之一以下部分设挂板，以浮雕的细致图案精心装饰，既可遮挡视线，又不影响通风采光，当地亦俗称“槛窗衣”，即窗户的衣裳，常常是构图完美的独立木雕作品，或者分割成若干小方格，每格即一浮雕小品。如安徽黟县宏村承德堂窗下挂板，透雕、浮雕、圆雕等多种雕刻手法并用，刀法细腻，图案精美。

徽州古宅阁楼沿天井一侧都有雕饰精美的栏杆，以靠背栏杆为主，镂空或平雕装饰皆有。楼裙板即雨搭板，有的简洁，有的极其华丽复杂，如潜口民居一些地方的雨搭板，就饰有垂花柱和镂雕挂落或花牙子。

徽州外檐装修用料，多就地取材，以杉木、松木、榉木、樟木以及银杏木等当地盛产的木材最为常见。雕刻很少敷色，多保留木材的原色，追求朴素、自然的风格。但雕刻手法却是极为讲究的。明代初年，徽州木雕还是以平面浅浮雕为主，风格质朴粗犷。明中叶以后逐渐向精雕细琢过渡，以多层透雕取代平面浅雕，雕刻及装饰手法有圆雕、浮雕、皮雕、镂雕、添漆雕、加彩、镶嵌等，形成了徽州木雕繁简适度、典雅清秀的艺术风格。此外，徽州木雕在图案创作上借鉴文人画的雅趣，善于营造高远空灵的意境。民间工匠也借鉴新安版画与刻书的特点，将雕版与刻字工艺融入其中，使徽州木雕更擅长表现复杂的场景和层次。

徽州工匠借鉴新安版画与刻书的工艺特点，更善于表现复杂的花纹图案（安徽屯溪程氏三宅）

徽州民居特有的“护净窗”

赏析

护净窗独有的窗下板

徽州民居东西厢房各有一槛窗，以木雕花罩代替格扇，中间小窗可以对开，称“护净窗”，又叫“小姐窗”。通常在三分之一以下部分设挂板，以浮雕重点装饰，既可遮挡视线，又不影响窗上通风采光，俗称“槛窗衣”。

人物题材窗下挂板《郭子仪上寿》

安徽黟县西递桃李园护净窗挂板

窗下挂板《将军出征图》局部

安徽黄山潜口培本堂窗下挂板

安徽程氏三宅护净窗挂板之一

徽派民居装修雕刻很少敷色，多保留原色，追求朴素风格（安徽歙县北村镇吴氏宗祠）

徽州装修木雕题材以历史故事、神话传说、戏文人物最为常见，十分动人，此外也有大量花鸟草虫、博古玉器等装饰性图案和寓意性纹样，堪称木雕艺术宝库。

伦理教化是徽州建筑木雕中最具精神意义的题材，以表现中华民族的传统美德，体现儒家的“仁”、“礼”思想。同时还有宣扬忠君爱国的，如“岳母刺字”、“木兰从军”，“苏武牧羊”；表现儒家忠孝节义的，如“周仁送嫂”、“桃园三结义”、“大战长坂坡”、“二十四孝”；表达“万般皆下品，唯有读书高”理想追求的，如“十年寒窗”、“五子登科”、“蟾宫折桂”……这些故事情节和人物形象都渗透着儒家“中庸仁和”“成教化，助人伦”的处世观念，其中又以“二十四孝”故事在建筑木雕中表现最为广泛，“卧冰求鲤”、“哭竹生笋”、“彩衣娱亲”等，是隔扇门的绦环板、裙板及槛窗挂板最受欢迎的题材。高官、文人、屠夫、百姓等社会各阶层的人物形象都有出现。徽州黟县卢村清道光年间所建

复杂的隔扇会在隔心处镶块木板，刻出重点点题形象，名曰“开光”（安徽屯溪徽园隔扇，开光处是“二十四孝图 ”）

徽派民居楼屋裙板，即雨搭板，此为相对简洁的雨搭板（安徽屯溪程氏三宅）

装饰华丽的徽派民居楼屋裙板

“志诚堂”从骑门梁额枋、雀替，到门窗、板壁几乎全由精致木雕装点而成，其厢房隔扇门雕刻，最上层为“二十四孝”图，绦环板上雕刻民俗传统图案，八块裙板分别雕刻“羲之爱鹅”、“太白醉酒”、“苏武牧羊”、“陶渊明爱菊”、“姜太公钓鱼”、“俞伯牙弹琴”、“陶渊明归隐”等，皆构图巧妙、刀法细腻。

无论是祥禽瑞兽、山水花鸟、福禄寿喜，每一种形象都有相对固定的造型规则与搭配程式，例如禽鸟多配云头纹、水纹，人物多配山水、树木、房舍，博古多配花卉、果品、福寿纹等，组成功名利禄、延年益寿、多子多孙、招财进宝等吉祥图案，表现了人们对美好生活的期望和无限向往。黟县清代盐商建造的承志堂木雕装饰即为此类题材的典型代表，正厅隔扇门隔心雕八仙图，裙板雕福、禄、寿、喜四星高照，骑门梁雕刻唐肃宗宴官、百子闹元宵等，后厅又雕刻“郭子仪上寿图”和“九世其昌”，皆为表达了徽商祈福纳祥的愿望。祈福纳祥图案在徽州如此广泛，是由于吉祥文化深入人心，有着深厚的生活基础，寄托了人们的理想和感情，发展了中华民族的形象思维，使建筑的装饰增添了含蓄智慧、耐人寻味的色彩。

宣扬追求功名的木雕“五子登科”

黟县宏村树人堂隔扇门裙板，以细腻的刀工雕“平安富贵图”，花瓶精致，牡丹舒展，是典型的徽州木雕手法

在字间布满寿星、八仙的木雕“寿”字

宏伟壮观的胡氏宗祠 冠绝于世的门窗装修

赏析

安徽绩溪龙川胡氏宗祠“荷花厅”

荷，既寄托了出污泥而不染的高洁品格,又蕴含“和”的儒家思想，胡氏宗祠的荷莲图取自徐谓画稿，艺术水平极高，茎、花、叶，千姿百态，无一雷同；鱼、蛙、虾、蟹形象逼真，妙趣横生。

坐落于龙川河旁的胡氏宗祠

胡氏宗祠享堂：荷花厅

荷花厅隔扇裙板雕塘荷，千姿百态

祠堂后进隔扇裙板是浮雕与线刻相结合的木雕花瓶，瓶上桃、李、梅、兰、菊、水仙等百花争艳，婀娜多姿

再现人们劳动场面的“建屋图”（安徽黟县卢村志诚堂雕花楼）

古往今来 天上人间 尽在其中

徽州人物题材雕刻集绵

砖雕戏文“白蛇传”（安徽婺源民居门楼）

向青少年进行励志教育的民间故事“朱买臣卖薪”（安徽黟县卢村志诚堂）

取材小说《三国演义》的木雕“刘备发兵求徐州”（安徽绩溪胡宗宪尚书第）

砖雕茶楼品茶、凭栏观景、孩童戏水的生活场景（安徽绩溪湖村门楼）

戏曲故事木雕“长生殿”（安徽绩溪周氏宗祠）

第五章 浙闽建筑看木雕

浙江东阳一直保持着门第、宗族、民风等传统的价值观念与生活习惯

我国浙闽地区是东南沿海经济和文化十分发达地区，古代建筑遗存极多。建筑里里外外都散发着一种典雅的美，这种美源于沉稳的色调、平和的气质，也源于檐下梁上精致的木雕。浙闽建筑的木雕均依附建筑实体，巧妙地装点着建筑的梁枋、斗拱、檐柱、门窗等各个部位。

一、浙江建筑木雕

浙江的古代建筑及木雕装饰保存最完整的地区分布在杭州、宁波、东阳、温州、义乌、金华等地。就建筑木雕来讲，以东阳地区最为出色，浙江各地、安徽及江西东部，甚至北京的建筑木雕皆受到过东阳木雕的影响。在建筑雕刻艺术领域占有重要地位。宁波最有特点的当属朱金木雕。温州木雕以黄杨木雕最具代表性，主要以器物和家具装饰木雕为主，受东阳木雕的影响比较明显。这里重点介绍以下几种。

浙江温州金华一带的木雕大花柜

（一）东阳木雕

东阳木雕源于浙江省东阳市，以历史悠久、技艺精湛、雕饰精致而著称。东阳木雕发源于汉代，最迟在唐代已经开始用于建筑装饰，在明代已形成独特的风格，并开始影响到周边地区建筑木雕的发展，至清代中期达到鼎盛，其影响蔓延到当时的京城甚至全国，并参与到明清两代紫禁城建设中。据《东阳市志》载，“清嘉庆、道光年间，400余名东阳木匠、雕花匠应召参加北京故宫修缮”。

浙江的古代建筑及木雕以东阳地区最具特色，中国南方最大的宗族聚居古建筑群东阳卢宅是座木雕艺术博物馆

东阳木雕的兴盛与当地的人文、地理环境有很大关系。首先，东阳地处浙江中部，气候温润，盛产木材，为木雕发展提供了足够的自

东阳木雕源于浙江东阳，以历史悠久、技艺精湛、雕饰精致而著称。它发源于汉代，最迟在唐代已经开始用于建筑装饰，在明代已形成独特的风格。此为明代建筑的木雕月梁

然资源。其次，东阳地理位置较为封闭，民风质朴，当地一直保持着门第、宗族、等传统的价值观念与生活习惯，形成了特定的生活方式。这些生活方式成为东阳木雕发展的内在动力和文化资源，如懋东地区为嫁娶、祝寿、迎神、祭祖等民俗活动而建造的大量花轿、神龛、家俱、厅堂、祠堂、戏台、花厅等，正是木雕最佳的用武之地。再次，东阳人多田少，农业生产受制约，宋代开始就有“东阳帮”木雕工匠群体脱离农业，专事匠作且手艺世代相传，形成了庞大的高水平木雕匠师队伍，促进了东阳木雕技艺的提高与传播。

现今，东阳一带的明代建筑不下40处，保存完好的清代建筑也有百处之多。在这些建筑中，宗族的荣耀名声、伦理教化皆物化在了美轮美奂的木雕装饰中。东阳建筑的雕刻有

东阳木雕以历史悠久，技艺精湛，雕饰精致而著称

浙江武义桃溪镇敬贤堂外檐以夔龙纹为基本造型的木雕撑拱

十多种雕刻手法，包括浮雕、镂空雕、圆雕、半圆雕、透空双面雕、阴雕等，尤其以综合数种雕刻技法的平面多层次雕刻见长。这些技法因地制宜、因材施艺，根据实用性、艺术性应用于建筑的不同部位，既有传统中国画的线条之美，又有木雕的刀法之技，雕刻刀具也成熟完善，有平凿、圆凿、三角凿、雕刀以及蝴蝶凿、翘头凿等。

东阳建筑木雕讲究“刻花要吉利，才能合人意；活中要有戏，百看才不腻”，其表现题材包括人物、山水、花鸟、鱼虫、祥禽瑞兽等，特别是戏文人物、历史典故、民间传说、世俗民风等内容，是东阳建筑木雕的重点和特色。人物造型多采用夸张的戏曲亮相姿态，头

东阳建筑木雕讲究“刻花要吉利，才能合人意；活中要有戏，百看才不腻”，此为东阳卢宅惇叙堂琴枋雕刻“封神榜”

部比例被夸大，头像多做脸谱化处理，正面人物一般是英姿勃发的英雄形象，反面人物则形象猥琐，面目可憎。这些构图完整、刻工精致的人物场景木雕，不拘泥于空间或时间的限制，在一个空间中表现多个画面和场景，注重相互间的呼应和联系，把不同人物的衣着、体态、神情刻画得生动传神，再衬以亭台楼榭与山水林木，人景相融，烘托出一幅完美的画面。东阳木雕还很注重细节，雕刻精细处缕缕须发、片片瓦砾、花之脉络、兽之鳞甲，都清晰可见，令人赞叹。此外，东阳木雕的抽象几何图案也十分精彩，按照民间工匠“以方为基，剖方为圆，方圆成角，分格成边”的创作规律，形成了回纹、冰裂纹、菱形、方胜、盘长、百结等多种常见图形。东阳木雕还有一个特点，只有少数设色贴金，多是保持木材本色，经过历史的磨砺，木色愈纯，质感更现。

就建筑木雕的具体布局，东阳建筑雕饰讲究“明精暗简”，形成了“粉墙黛瓦‘马头墙’，镂空‘牛腿’浮雕廊，阴刻雀替‘龙

浙江东阳建筑木雕布局特色

赏析

东阳建筑雕饰讲究“明精暗简”，形成了“粉墙黛瓦‘马头墙’，镂空‘牛腿’浮雕廊，阴刻雀替‘龙须梁’，山水人物雕满堂”的特点，根据建筑部位的不同，其雕刻手法和雕刻题材也会有所区别

粉墙黛瓦“马头墙”

镂空“牛腿”浮雕廊

阴刻雀替“龙须梁”

山水人物雕满堂

东阳建筑木雕人物造型多采用夸张的戏曲亮相姿态

须梁’，山水人物雕满堂”的特点，梁、柱、檩、拱、牛腿、檩头、隔扇雕刻极为精致，复杂的百工“牛腿”、百工窗尤其常见。相对外部木雕，东阳建筑的室内木雕则较为简朴，室内隔断、挂落、藻井等雕饰简约为美，较少过分的雕琢。根据建筑部位的不同，其雕刻手法和雕刻题材也会有所区别，如桁梁雕刻，因为位置较高，不容易碰触损坏，所以采用高浮雕、镂雕等立体效果强的雕刻手法，图案一般为龙凤、狮子或吉祥花卉等。“牛腿”是当地对檐柱上方托住横梁的撑木的俗称。牛力大，牛腿更见状硕有力，托梁的撑木是负重所在，所以东阳人以“牛腿”称之。其上雕工复杂，正所谓“百工牛腿”，这是东阳木雕最精彩的地方，一般采用圆雕和镂雕相结合的技法，雕刻层次较多，常有精品。“牛腿”的主要表现内容为民间传说或戏曲故事中的人物或狮、鹿等，形象非常突出，有的复杂得像一座山峦，上面附着众多人物，趣味盎然。隔扇雕刻集中在绦环板、裙板和隔心上。绦环板及裙板雕刻面积较大，以有情节的人物场面为多，雕刻手法多为浅浮雕。隔心结构一般是用棂条搭建或在木板上镂雕花纹，也有做工精细者在镂雕花纹中心，重点镶一块实木，雕刻画面，有小框圈起一个图形，当地人叫“开光”，常形成一个独立的木雕小品。

东阳木雕“百工牛腿”

赏析

“牛腿”是当地对檐柱上方托住横梁的撑木的俗称。牛力大，牛腿壮硕有力，托梁的撑木是负重所在，所以东阳人以“牛腿”称之。因为位置较高，不容碰触损坏，主要采用高浮雕、镂雕等立体效果强的雕刻手法，图案龙凤、狮子、云鹤、麒麟、八仙、天官、天将、禽鸟、群像、山水、吉祥花卉等。

雕花雀替除伸向外檐，向内也会有数道举托檩

老翁骑鹿，老妇驾鹤，合为“鹿鹤同春”，白头到老（浙江横店民宅）

狮子造型在东阳木雕雀替中常与天王组合在一起

日常生活中的鸡也可以成为木雕雀替中的艺术形象

以如意为造型主体的撑拱

东阳木雕“牛腿"雕刻之复杂和精细已达到缕缕须发、片片瓦砾、花之脉络、兽之鳞甲都清晰可见的程度（浙江东阳卢宅树德堂托檐撑拱）

绦环板以有情节的人物场面为多，雕刻手法多为深浅浮雕结合运用（东阳卢宅世雍堂）

东阳木雕多保持木材本色，经过历史的磨砺，木色愈纯，质感更现

东阳地区木雕民间艺术家人才辈出，此花鸟撑拱木雕作品出自 “木雕宰相”大师之手

浙江东阳横店民居亭台楼榭、山水花木题材的撑拱木雕意境深远

（二）宁波朱金木雕

朱金木雕是木雕和髹漆工艺相结合，不少还结合嵌螺钿或贴金银箔应用于木器，应用于建筑装饰者也有，特别是屏门、隔扇、罩等。据考古资料推测，宁波的朱金木雕应当始于唐宋时期，应用于建筑装饰大约也始于此时，主要用于官府、宫殿以及敕建的寺庙。至明清时期，民间祠堂、家庙、戏台的门窗梁柱也开始漆朱贴金。如宁波的庆安会馆、秦氏支祠的漆金木雕，遍施于梁柱、檐枋、牛腿等建筑木构架及小木作部位的隔扇、屏风、牌匾等，具有宁波独特的地方风格，艺术效果十分华丽。朱金木雕既讲究雕工又讲究漆艺，雕工认为："七分雕刻三分漆"，漆工则认为"三分雕刻七分漆"。雕刻以樟木、椴木、银杏木等优质木材作原料，综合运用深雕、半圆雕、透雕等多种技法，讲究依物象形，精雕细琢，不留凿痕：亭台楼阁、树木山石轮廓清晰，层次丰富；人物雕刻多抓住戏文人物的姿态和道具、服饰行头，讲究贵在传神，线条流畅，文要雅、武要威，动作鲜明、夸张。漆工工序也极为复杂，操油、打腻、括平、反复打磨后上生漆打底，再髹磨光后饰朱漆，然后描金纹，贴金箔、罩光等。

朱金木雕是木雕和髹漆工艺相结，不少还结合镶嵌螺钿或贴金箔、银箔

浙江朱金木雕既讲究雕工精雕细琢，漆工工序也极为复杂（浙江诸暨边氏宗祠戏台）

朱金木雕运用于建筑梁架的经典建筑（浙江杭州岳庙）

朱金木雕工艺在栏杆、雀替、槛窗上的广泛运用

隔扇格心处点缀几朵贴金的花饰，起点睛作用

秦氏支祠朱金木雕的戏台，额枋、斗拱、花板，无一不熠熠生辉

浙江宁波庆安会馆檐撑、栏杆朱金木雕

祭祖华堂 金碧辉煌

浙江宁波秦氏支祠朱金木雕

秦氏支祠是宁波风格朱金木雕的范本。朱金木雕的特色在“朱金”。雕，只是上朱漆、贴金箔的坯形，不需像清水木雕那样精细。所谓“三份雕工，七分油漆”，就是此意。

浙江宁波秦氏支祠主体建筑群

金碧辉煌的戏台额枋、台匾、屏风

秦氏支祠戏台栏杆

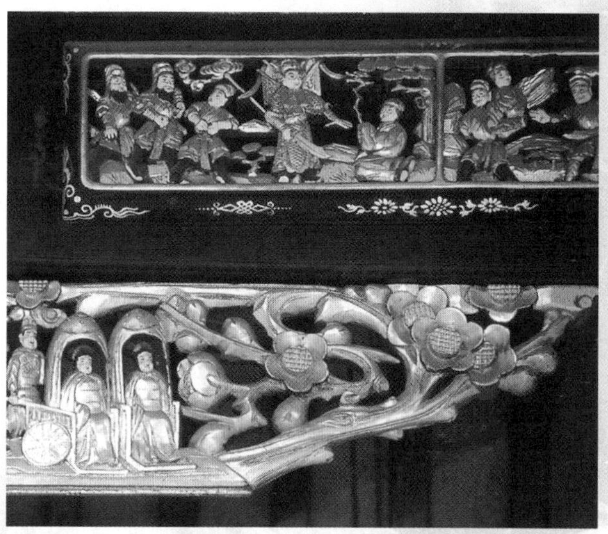

戏文人物题材的额枋雀替

秦氏支祠戏台柱头

贴金，是在木雕表面红漆未干时，利用红漆的粘性，将人工捶打而成的薄金箔层贴饰在木雕表面

髹漆是在填料抹平后的木雕表面髹红色漆，使木雕表面着色同时更加光亮（浙江杭州胡雪岩故居）

二、福建建筑木雕

由于地形地貌多样、交通条件不同、多民族生活习俗各异，福建各地建筑可谓千姿百态。灰砖区、红砖区、土楼区建筑风格及结构有很大差异，闽西、闽北地处山区，客家建筑群体景观稚拙自然，闽东、闽南沿海地区及闽中地处平原，自然条件较好，交通便利，其建筑风格精致纤细，装饰意味更浓，也是福建建筑木雕发展和保存最好的地区，尤以泉州、漳州及福州等地最具代表性。

闽东南传统民居以亭、台、楼、阁和住宅组合在一起，宅院外观重楼飞檐，屋角高翘，轮廓线优美而丰富。屋顶以青瓦覆盖，雕饰华丽。建筑装饰木雕一般集中在梁柱、斗拱、垂花及门、窗、隔扇等构件上，这些雕饰保留原色较少，通常是雕彩结合，在木雕表面再施彩或髹漆贴金。其中贴金装饰的木雕又称为金漆木雕，多运用于垂花、瓜柱、门窗等处。其工艺复杂，雕刻成形后要经过打腻（又称填料）、髹漆、贴金若干道工序才能完工。填料，是用生漆调和石膏粉，抹平木雕表面的裂纹或洞眼，再打磨平滑。髹漆，是在填料抹平后的木雕表面髹红色漆，使木雕表面着色同时更加光亮。贴金，是在木雕表面红漆未干时，利用红漆的粘性，将人工捶打而成的薄金箔层

在梁架醒目部位，浮雕透雕的罗汉、象、麒麟做成托木、柁墩等，上贴金，富丽堂皇（福建漳州龙海慈济宫）

体态丰腴“妙音鸟”　双翼舒展是“飞天”

赏析

福建泉州开元寺戒坛梁架木雕

闽南及闽中地区传统建筑的木雕，当属梁架木雕最为出色，各种人物群像、祥瑞鸟兽、车马宫阙等，复杂而生动的雕饰分布在梁架的各个部，明代永乐年间重建的泉州开元寺大雄宝殿，24尊“嫔伽”，或托砚挥毫，或持笙吹奏，或怀抱琵琶，面容姣好，体态丰腴，展现了闽南木雕技艺的精湛。

手持二胡的伎乐飞天

大雄宝殿外廊彩画

手持洞箫的伎乐飞天

柱头雀替起缩短梁枋跨度的作用

十二只大鹏鸟雕刻梁托之一

福建漳州南山寺梁架金漆木雕

贴饰在木雕表面。金漆木雕因红、光、亮在木雕的华美方面首屈一指。

闽南及闽中建筑木雕的题材非常广泛，有人物、典故、祥禽瑞兽、八宝博古及几何纹饰等。其中器物类尤其丰富多彩，最具特色。纹样的选择一般根据装饰构件的部位而定，在建筑构件中相互连接的部位或狭窄的位置，以程式化的几何纹样为主，如云纹、雷纹、冰纹、拐子纹、套方等。面积较大的梁枋以及隔扇等部位，题材和纹样则动物、植物、器物、景物一应俱全。无论选择哪种纹样，皆构图饱满，极具装饰感。在画面布局上有两个明显的特点：一是采用平铺式构图，较少重叠，借鉴中国画散点透视的做法，尽量将不同空间、时间的人物和场景同时铺陈在一个画面中，营造热闹的气氛，各种人物、亭台、楼阁、树木、山水虽有远近高低之别，但无近大远小之意；二是梁枋、花罩等建筑构件的木雕多采用对称式结构，主体物象居中，按照“之”或“S”形展开，引导观者视线指向画面的主要物象或情节。次要物象以主体物象为参照上下或左右对称，人物对人物、吉兽对吉兽、花鸟对花鸟，使所列物象多而不乱。

福建漳州龙海慈济宫门厅金漆木雕金光灿烂

就建筑部位来讲，闽南及闽中地区传统建筑的木雕，当属梁架木雕最为出色，各种人物群像、祥瑞鸟兽、车马宫阙等，复杂而生动的雕饰分布在梁架的各个部位。直接承受重量的梁、枋、柱、檩等大木构件，一般只雕刻简单的装饰线脚，次要承重构件如斗拱、梁坨、瓜柱、狮座等作浮雕装饰。如明代永乐年间重建的泉州开元寺大雄宝殿，其前殿斗拱上浮雕了24尊“嫔伽”，或持砚挥毫，或持笙吹奏，或怀抱琵琶，面容姣好，体态丰腴，展现了闽南木雕技艺的精湛。非承重的装饰构件如垂花、雀替、门簪等多为透雕装饰。如梁柱相交处的雀替，一般透雕成鳌鱼形状，头似龙首，身似鲤鱼，四周衬水生动植物，十分精美。在上述梁架构建中，较醒目的部位，如浮雕的罗汉、象、麒麟或透雕的托木、垂花等，常使用金漆木雕，观之富丽堂皇。

建筑厅堂的门、窗及隔扇木雕因处于观者的视线中心处，雕饰也十分精细。门扇绦环板及裙板以浮雕或高浮雕雕刻，花卉或人物并施本色清油加以保护，或用更为华丽的金漆装饰。隔心多取质细而坚韧的硬木透空雕凿，在钱币、菱形、冰裂等各式图案中穿插人物、鸟兽、花卉、亭台等具象图案。另外，在闽南或闽中的庙宇、祠堂建筑大门左右次间的外墙上，常设一种“螭虎窗”，也称“子午窗”。这是一种在方形、圆形或八角形的窗框内雕螭虎（也称夔龙）图案的窗子，以木、石、砖

门扇隔心、绦环板、裙板多取质细而坚韧的硬木透空雕凿，再用华丽的金漆装饰（福建泉州南山寺）

福建的庙宇、祠堂建筑外墙上多有“螭虎窗”，也称“子午窗”，是方形、圆形或八角形的窗框，内雕螭虎，正中刻香炉，四角配以蝙蝠

透雕而成，图案组成是将云朵、花卉、草叶等作抽象化处理组合成龙头、龙身、龙足等，夔龙身体弯曲修长，寓意“长兽（长寿）”。正中刻香炉、寿字等图案，寓意吉祥平安。如以数只对称螭龙团围着香炉，四角配以蝙蝠图，则寓意五福临门，香火延绵，是门廊雕刻的常例。

虽然因地理或社会人文环境的差异，浙闽各地区传统建筑的形式差异较大，但重视装饰细节的观念和风气却是不约而同的，建筑木雕的题材内容与表现形式，整体布局与细节处理都进行了巧妙的综合，体现了浙闽地区传统的价值观念、审美趣味和风俗习惯。同时，浙闽木雕在工艺技巧上非常成熟，匠师的造诣较高，有些地方的艺人形成品牌、流派，并被外地所聘，他们的艺术得以流传远播。

木雕有奇葩　锦绣数东南

浙闽建筑木雕艺术赏析

浙闽各地区传统建筑的形式差异较大，但重视装饰细节的观念和风气确是不约而同的，建筑木雕的题材内容与表现形式，整体布局与细节处理都体现了浙闽地区传统的价值观念、审美趣味和风俗习惯，工艺技巧上非常成熟。

福建泉州安海延平郡王祠，木雕垂花风格粗犷

浙江杭州胡雪岩故居芝园花厅紫檀木垂花雕刻，追求内敛、典雅

延平郡王祠殿内垂花雕刻风格纤细

福建漳州龙海慈济宫垂花金漆木雕粗细得宜，髹漆工艺上乘

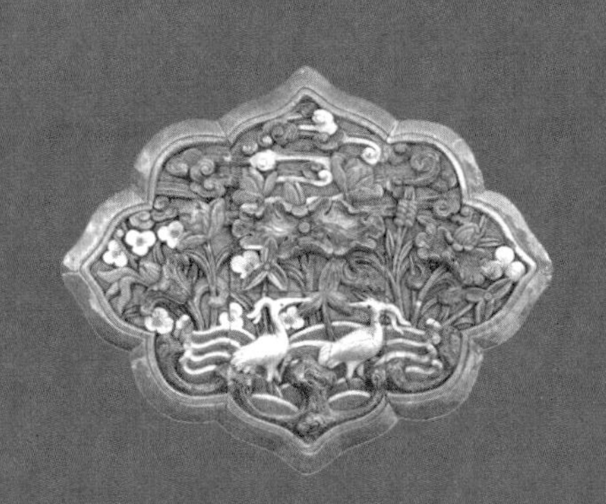

第六章 门楼墙饰看砖雕

晋中砖雕的门楼式土地神龛

中国古代建筑砖雕取材于自然界唾手可得之“土”，与“水”相合成为泥筋，再以“木”生“火”，烧制成坯，借“金”之力，雕凿成花。它一方面以精美的外在形式、丰富的内在意蕴，恰到好处地展现了中国建筑的艺术美；另一方面作为有实用功能的建筑构件，较好地呈现了建筑物的功能之美。

砖雕原料以水磨青砖为上，不能太硬也不能太软。砖太硬，雕刻时容易破碎，雕凿的形象粗糙不堪；砖太软，不利于深入雕刻，所雕刻的形象不易成形。水磨青砖是用几乎不含砂砾的泥土烧成的。将筛选过的土加清水搅拌成浆糊状稀泥，待泥渣沉淀，把上面的泥浆糊移入另一个泥池过滤。经过再次沉淀后，排掉泥浆上面的清水。静置一两天，待泥浆略干后反复踩压成柔韧适度的泥筋，制成砖坯。晾干后入窑烧制成青灰色砖块，然后将砖面细致打磨成表面平整如镜的水磨砖。磨平后的砖，要达到质地细腻纯净，色泽一致，砂眼少，敲击声

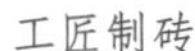
工匠制砖

入窑烧制出的砖块

打坯等使用的錾子等砖雕工具

“出细”即把轮廓再作细致具体地刻画、以便一一成型

音清脆，没有劈裂之声，然后进入雕刻程序。

砖雕一般包括三道工序：第一是“打坯”，即构思形象的过程，要确定大体位置、画面的轮廓及物象的深浅。做法是先用笔在砖上画出所要雕刻的形象，即落稿。再以最小的錾子沿画的笔迹凿出浅细的轮廓，以防止在雕刻过程中将笔迹抹掉或变形。并进而用小錾子将雕刻形象以外的部分剔掉，凿出雕刻形象大致的立体轮廓，为下一步工序打下基础。第二为“出细”，即把打坯阶段完成的轮廓再作细致具体地刻画。即用錾子沿已经凿出的浅细线进行细致雕凿，使人物，楼台、树木、花果等一一成型，并用磨头将图案的粗糙之处磨平。第三是对“出细”后的作品作修整、粘补、排拼和做榫。修整是在整体统观全局的前提下，强调细部精雕；粘补是对砖雕细微断裂处的修复或对局部改动的补合，即用“药”对雕刻过程中形成的残缺或砂眼找平，这种“药”通常以七成白灰加三成砖面并加少许青灰调制而成；排拼是将在几块砖上分开雕刻的个体作品组合成一个整体图案；做榫的目的是为将砖雕镶嵌到建筑上做特定的接口。

砖雕在我国南北方传统建筑中应用都比较

排拼是将在几块砖上分开雕刻的个体作品组合成一个整体图案

做榫的目的是为将砖雕镶嵌到建筑上做特定的接口

普遍。南方砖雕以苏州、徽州地区为代表，讲究空透灵巧；北方砖雕以京津、晋中等地最为优秀，古拙质朴，尽显浑厚庄重之风。尽管南北方砖雕艺术呈现出不同的区域特点，但在建筑上的施用范围却非常相似，不外乎门楼、墙体、屋脊等建筑部位，或牌坊、影壁、砖塔等单体建筑。其中以门楼、墙体的砖雕尤为精彩，集中展示了艺人工艺之精湛，展现了作品雕琢之精美。

一、门楼砖雕

门在建筑中的位置非常突出，也非常重要，皇家建筑是用彩画、琉璃来渲染，民间的门主要通过砖雕石刻来装饰，虽没有前者那么堂皇，但内容丰富、精美雅致，又有标识、防雨等实用价值。我国北方京津晋冀及南方苏浙皖地区都有上乘的砖雕门楼。

我国各地门楼按建筑结构，大致可分为四脚落地式、牌楼式、过道式、脊架式等几种。四脚落地式门楼，基本与院墙处于同一平面上。屋顶式样多种，硬山式屋顶垂脊高于瓦面的披水，镶嵌有雕刻精细的瓦头、滴水。歇山、庑殿式样多在屋脊做装饰，四脚落地式门楼的额枋、墀头砖

四脚落地式门楼

四脚落地式门楼的额枋、墀头砖雕往往是砖雕的亮点之处

苏州一带雕花门楼是江浙砖雕艺术最集中的表现

贵州镇远万寿宫山门牌坊式门楼如同牌坊与门的叠合，气势中又显现了些许的秀雅

北京颐和园无尽意轩脊架式门楼中最考究的一种垂花门，十分优美

天津杨柳青石家大院过道式门楼进深较大，墀头雕饰精美

天津杨柳青石家大院女院雨搭门的扩展——抱厦门

雕往往是砖雕的亮点之处。此类门楼多见于山西晋中、陕西关中等地，苏州一带雕花门楼也是其“靓丽”的一支。牌坊式门楼是相对容易辨认的一种，因为它与人们熟知的牌坊有较多的共同之处，如同牌坊与门的叠合，通常都是三楼式或五

浙江兰溪民居与院墙相连的雨搭门

楼式，檐角多翘起，有的饰有脊兽。檐下枋、拱、匾额、挂落俱全，在气势中又显现了些许的秀雅。过道式门楼，又称作“屋宇式”，是一种临街或与南屋、倒厅房连接的一种门楼。此类门楼进深较大，墀头雕饰精美，北京四合院广亮门、金柱门和晋中大院的很多门都属于此种。脊架式门楼造型有复杂的，也有简易的。前者典型的代表是优美的垂花门，后者典型的代表是与院墙相连的雨搭门。

当然，除此之外的门楼形式特例还很多，如雨搭门的扩展——抱厦门；过道式门楼与牌坊式门楼的组接——重檐歇山顶翘角如凤展翅的“五凤楼”等。

我们赏析中国的门楼砖雕艺术时，还不能不特别关注一下南方徽州地区，更常见的一种结构较为简单的砖雕门楼，它也称为“门罩”。即仅在大门外框上方，以砖瓦砌出仿木结构的出檐，并镶嵌砖雕，既具有一种装饰

美，同时也有排挡墙面上方流下雨水的实用功能。按照建筑式样的不同，门罩也分为门楣式门罩、悬柱式门罩等不同类型。门罩的构造较为简单，基本平贴于墙面，不大突出，仅在顶端以砖瓦垒砌出简单出檐以避风雨。但镶嵌的砖雕饰件却决不简单，相反精细之极。因为其平贴墙面甚至嵌于墙中，不怕风雨，因此保存完好，经百年依旧完整。装饰比较华丽和立体的门罩，要在门框两边上方，各垂下雕饰精美的垂莲柱，两柱间设有额枋、元宝、方框等，雕刻有精美砖雕图案嫔伽。皖南民居群就可称得上是南方砖雕门楼博物馆。

门楼是住宅的脸面，各地区的建筑大都对门楼进行极力装饰。装饰考究的门楼，砖雕多集中在通景、方框、元宝、门匾、垂花、挂落及檐下斗拱等建筑构件上。在门楼顶部凸起

徽州地区砖雕门楼也称“门罩”，即在大门外框及上方，以砖瓦砌出仿木结构的出檐，既丰富了外墙墙面，也有挡雨的功能

过道式门楼与牌坊式门楼的组接——翘角如凤展翅的“五凤楼”

的、比门楼墙体高出大约一尺半左右的地方，先用青砖起线三道，依次向里呈递减的趋势安装的，就是通景、方框、元宝等。其中最精彩的部位是通景，长约五至七尺，由五到七块水磨青砖拼成。画面以人物为主，有骑马、坐轿、打仗、比武、儿童游戏等场面，背景则是庭院、街道、酒肆、小桥等，其精细的程度有的甚至达到了砖刻酒楼的小窗可以开启的程度。工匠综合运用浮雕、透雕、圆雕的方法，雕刻出六七个层次，使人物群像和主要建筑物突起，有立体感、层次感，在光线下衬出阴影，显示出独具特色的雕塑之美。元宝与方框也是门楼的构件，在门楼的位置也很明显，都由一块整砖雕刻而成。通常一个门楼上雕刻有四个元宝或两个方框装饰，每个独立的元宝、方框都是一个完整的画面，其题材以人物、动物、植物为主，构思和画面表现手

安徽黟县宏村敬修堂悬柱式门罩，装饰比较华丽和立体的门罩，要在门框两边上方，各垂下雕饰精美的垂莲柱，两柱间设有额枋、元宝、方框等，雕刻有精美砖雕图案

法简练纯熟。如安徽亳州关帝庙正门东侧方框“陶渊明爱菊”，篱边盛开着菊花，诗人正凭栏而望，优美地呈现了“采菊东篱下，悠然见

门楣式门罩安徽黟县西递旷古斋，门罩的构造较为简单，基本平贴于墙面，仅在顶部以砖瓦垒砌出简单出檐以避风雨，但镶嵌的砖雕饰件精细之极

皖南古居云集　砖刻门楼荟萃

皖南民居群可称得上是徽州砖雕门楼博物馆。装饰华丽的门罩，要在门框两边各垂下雕饰精美的垂莲柱，两柱间设有额枋、元宝、方框等，精美砖雕图案多集中在通景、方框、元宝、垂花及挂落等建筑构件上。此为安徽绩溪湖村“牌楼巷”门楼的一个实例。

徽州门楼砖刻工艺不厌其精，此通景酒楼的小窗居然可以开启

垂花柱的下端也雕成一双花瓶，意祝“平平（瓶）安安”

反映农夫砍柴、耕地、放牧、撑船等劳作的画面都雕刻得栩栩如生，惟妙惟肖。此为江西婺源江湾下晓起继序堂门楼方框

苏州东山春在楼门楼砖雕方框《尧帝访贤》，故事是说“尧帝有德，不私帝位”，四处访贤。舜“初事耕种，曲尽孝道，众望所归”，后尧帝传位于舜

南山”的意境。

门匾也是门楼砖雕的重要内容。门匾通常置于门楣或枋梁上，以横长形和竖长形居多，精致的砖雕与潇洒的书法相映成趣。匾额上的字句有体建筑，各个部位都有十分讲究的装饰。垂花门向外一侧的梁头常雕成云头形状，称为“麻叶梁头”。在麻叶梁头下，有一对倒悬的短柱，只有一尺多长，柱头向下，檐柱不落地，这对短柱称为“垂莲柱”。垂花柱末端常雕饰成各种形状，如莲瓣、串珠、石榴头、花篮或绣球等形状，皆向下垂挂，酷似一对含苞待放的花蕾，依其形状称为垂花。挂落是古代建筑檐枋下的装饰构件，设于柱与枋的交接处，垂下的边缘有方、圆、八角等形式，常以透雕手法雕刻成精美的雕花板。砖雕挂落是一种仿木结构的装饰构件，因为精细烧制，所以难度极高，它由边框、棂心以及花牙子等构件组成，棂心样式多种多样，主要有套方、万字等，花牙子安装在挂落底边两角，镂空雕刻花鸟。

斗拱是传统建筑中以卯榫结构交错叠加而

门匾通常置于门楣梁枋处，精致的砖雕与潇洒的书法相映成趣（浙江杭州胡雪岩故居砖雕门楼）

苏州地区的垂花门是装饰性极强的单体建筑，各个部位都有十分讲究的装饰。斗拱是中国传统建筑的特征，用松脆的砖雕件去模仿木制斗拱是极难的事，砖雕斗拱它只作为一种装饰性构件而存在（苏州网师园）

砖雕挂落因为精细，烧制的难度极高，刻制出这样的精细花纹，反映出苏州匠们杰出的技艺

下列几类：第一类为名称堂号，如“世德堂”；第二类为身份地位的表征，如“大夫第”；第三类为歌恩颂德，如“永护蓬瀛”；第四类为祝贺，如寿辰匾；砖雕装饰分布于文字四周，纹样多为云头纹、拐子纹、万字纹等。其实砖瓦门楼都是从木门楼的基础上发展起来的，人们为了保护门扉不受风吹雨打，进出门的人们避免日晒雨淋，在门的上部搭起了瓦顶木质雨搭门头。但毕竟木料经不起风雨，逐渐人们用经久耐用的砖瓦来代替，这个演变过程从苏州地区的砖门楼遗存中可以清晰地看出。它基本上全部保持了雕花木构门楼的所有结构，额枋、斗拱、花板、门簪、垂花柱，甚至挂落、花牙子无一例外改用砖刻来呈现。这些构件即使是木雕也颇费时日，统统改为砖刻之后，要在质地松脆的砖材上，刻制出这样的精细花纹，确实反映出苏州工匠们杰出的技艺。

例如，苏州地区的垂花门是装饰性极强的单成承托构件，处于柱顶、额枋、屋顶之间，是立柱与梁架的结合点。一组斗拱通常由方斗、曲拱、斜昂等几十个甚至上百个构件组成，是中国传统建筑的最突出特征，是体现建筑风格的重要的形式因素。用松脆的砖雕件去模仿木制斗拱是极难的事，于是，饰于门楼上的砖雕斗拱，只保留了斗、拱、昂等基本造型，作为一种装饰性构件而存在。其层层叠叠的结构，使门楼富有了壮丽的气势之美。

砖雕门楼上的通景、方框、元宝雕更是令人惊叹，如通常只能在松软木材上雕刻的宏大场面人物群像，“八仙献寿”、“范雎逃秦”、“尧帝访贤”等，以及表现文人墨客饮酒吟诗、风花雪月，乡民农夫砍柴、农耕、放牧、撑船等劳作的画面都能雕刻得栩栩如生，惟妙惟肖。确实需要神奇之工，其反映了该地区古代文化和工艺的发达。

赏析

精细纤巧神奇工，敢与木雕比高下

苏州地区精湛的砖雕艺术

苏州地区的砖门楼全部保持了雕花木构门楼的所有结构，额枋、斗拱、花板、门簪、垂花柱，甚至挂落、花牙子无一例出的改用砖刻来呈现。这些构件即是木雕也颇费时日，现统统改为砖刻，质地松脆的砖材，要刻制出这样的精细花纹，确实反应出苏州匠们杰出的技艺。

转角斗拱与垂花

苏州东山春在楼砖雕门楼

转角斗拱

门头上“福、禄、寿”三星

二、墙饰砖雕

中国古代建筑，为了避免墙体的单调，工匠们巧思细作，极尽雕琢之能事，将砖雕巧妙的应用于建筑物的墙体上。墙壁是中国建筑的维护结构，是分割利用建筑空间的屏障。根据材料、砌筑方法，装饰手法的不同丰富了墙体的形式，有山墙、檐墙、槛墙、廊墙、廊心墙、扇面墙、翼墙等数种，还有独立的影壁等。砖雕往往出现在影壁、翼墙、墀头以及花墙等处。

（一）影壁砖雕

影壁又称照壁、照墙、萧墙，是传统建筑的重要组成部分，也是砖雕较为集中的建筑构件。

人们习惯上按照影壁所处的位置，将其分为门内影壁和门外影壁两种。门内影壁是一座独立的墙体，有实用和精神慰籍的双重属性。在门内加设影壁，传说可以驱除鬼祟，客观上能够慰藉居者心灵。同时，影壁也有遮挡外人视线的实用功能，即使大门敞开，外人也看不到宅内，还可以烘托气氛，增加住宅的气势。

从外观上说，门内影壁的造型和普通墙体一样，从上到下依次是壁顶、壁心和壁座。在

门内影壁有遮挡外人的视线的功能，还可以增加住宅的气势

多数影壁的壁顶梁枋、斗拱在结构上已经没有实际作用，仅作为一种装饰存在（苏州东山明善堂）

占据影壁大部分面积的是壁心，砖雕多聚集于此，此为天津徐家大院影壁壁心

北京颐和园仁寿门影壁。四角一般上下左右对称布置，图案多呈三角形，因而称做“岔角”

砖雕的壁心，雕有民宅影壁上常有的吉祥文字“福”

形式上，多数影壁的壁顶模仿建筑木构件的结构形式，但梁枋、斗拱在结构上已经没有实际作用，仅作为一种装饰存在。墙体中间占据影壁大部分面积的是壁心，影壁的砖雕多聚集于此，分布于中心和四角，中心称作“盒子”。四角一般上下左右对称布置，图案多呈三角形布局，因而称做“岔角”。壁心雕刻图案以祥禽瑞兽、吉祥花卉为主，福禄寿喜等吉祥文字也较为常见。影壁有硬心和软心两种常见的装饰手法。硬心装饰是在壁心以几种不同的方法进行装饰，如在壁心上下左右四边用普通的砌砖方法，正中用方砖拼成斜格，使中间与四周墙体形成显明的区别。或者在壁心正中的砖体

风水为中国特有的一种古代文化现象，浙江兰溪诸葛村村口有风水塘、塘前有八卦影壁。这种结构也叫软心装饰影壁

山西静升灵石文庙前呈“一”字形影壁，雕“鱼跃龙门”

上雕刻花纹，上下左右四边上仅在四个岔角雕刻岔角花。软心装饰是将壁心外表抹白灰，与壁顶和壁座形成鲜明的区别，然后在抹灰的中央或四角进行装饰，如壁心雕刻“福禄”、“吉祥”、“平安”等吉辞。壁座是整个影壁的承重部位，一般用砖砌出简单的层次，讲究一点的影壁会在壁座上雕刻花纹，多为子孙万代、鹤鹿同春、鸳鸯荷花等。高级影壁下半部分会用须弥座。

门外影壁主要有两种：一种独立座落在宅院对面，另一种借用对面宅院的墙壁。目的是划出门前广场范围，使进出大门的人有整齐美观的感受，也是为了营造庄严肃穆的气氛，在风水学上有“避凶趋吉”作用。这种影壁的平面结构有的是呈“一”字形的“一字影壁”，有的是呈“︹”形的“雁翅影壁”。还有一种位于大

硬心装饰的影壁砖（山西灵石王家大院）

一种位于大门左右两侧的 “反八字影壁”，也叫翼墙（镇江隆昌寺山门）

门左右两侧，平面呈八字形，称作“反八字影壁”或“撇山影壁”，也叫翼墙。大门要向里退2～4米，在门前形成一个小空间，作为进出大门的缓冲之地，在翼墙的烘托陪衬下，宅门显得更加深邃。门外影壁的装饰手法、装饰布局及装饰题材与门内影壁相似。

山西榆次常家庄园祠堂前的“雁翅影壁”，除平面有特点外，后部还设人性化的雨搭

（二）墙饰砖雕

山墙包括下碱、上身、山尖三部分。山墙砖雕多加于山尖上，即在山尖正中镶嵌雕有图案的花饰砖，叫做“山坠”或“透风”，如天津的广东会馆。有的整个上身满雕花纹，非常美观，如北京颐和园清晏坊和扬州何园的牡丹亭。山墙的博缝砖上也常雕刻如意、牡丹等花饰。墀头更是山墙装饰的重点，山墙檐柱以外的顶端即为墀头，俗称“腿子”。其功用是使屋檐和墙身顺畅衔接，使建筑物的整体形象能够统一。墀头分为三个部分：下碱、上身、盘头（庑殿、歇山、悬山屋顶的墀头多没有盘头）。下碱和上身是盘头的承托部位，外观为一般的墙体，是墀头最突出、砖雕装饰最集中的地方，其结构最为复杂。根据盘头的层数，可分为五层盘头和六层盘头两种。六层盘头分为：荷叶墩、半混、炉口、枭、

山墙砖雕多加于山尖上，即在山尖正中镶嵌雕有图案的花饰砖，叫做“山坠”或“透风”，此为天津的广东会馆山墙砖雕

北京颐和园清晏舫整个山墙上身满雕花纹，与砖雕垂脊混然一体

头层盘头、二层盘头和戗檐。五层盘头仅比六层盘头少炉口一层。盘头各层的构件，自下而上出檐的尺寸逐层加大。至最上一层是戗檐，它是一块立起的方砖，砖面作垂直立置状，或者向前微斜，向下作出微小的“扑身”。戗檐常饰有精美的雕刻，题材极其广泛，如麒麟卧松、太师少师、博古炉瓶、鸳鸯荷花等，常常就是一件独立的砖雕作品。戗檐侧面的砖博缝头上常刻平安如意、太极图等图案。像宁波林泉雅会馆博缝头上的画面是罕见的复杂的墀头砖雕，在荷叶墩下面还加垫花。这种垫花，图案形式大多为一个精美的花篮，插满各种花卉，构图秀美，装饰性极强。如宁波秦氏支祠的墀头就是大型砖雕作品。

戗檐侧面的砖博缝头上常刻平安如意，太极图，万象图等图案

苏州地区结构最为复杂的墀头盘头的层数可达五层和六层

浙江杭州胡雪岩故居墀头也是大型砖雕作品

浙江宁波林泉雅会馆博风头上是罕见复杂的墀头灰塑砖刻

（三）花式砖墙砖雕

漏砖墙图案“硬景”是指窗芯线条棱角分明，都是直线，把窗芯分成若干块有角的几何图

苏州山塘街民居“软景”漏砖墙

花式砖墙俗称“花墙”，就是在墙体不封闭的部位装饰着各种镂空砖瓦，是构成园林及住宅景观的一种建筑艺术处理手法，计成在《园冶》一书中把它称为“漏砖墙”或“漏明墙”，并解释说“凡有观眺处筑斯，似避外隐内之义”。这种“漏砖墙”就是在墙的漏空处砌上竹节形、梅花形、菱花形的花砖，而这镶砌的花砖的墙洞也如同一扇扇的窗，窗圈的外形就达十几种，八角、矩形、扇面、菱形等形状的变化很多，本身就是一种艺术。多变的外形配上窗芯花砖的精美纹饰，体现了中国建筑装饰的奇妙之处，既避免了墙体的单调，增加了墙体通透、轻盈的效果，达到了借景的效果，又能通风采光，是人与自然环境的一次巧妙融合。窗芯图案丰富，按照线条形式的不同，分为硬景和软景二种类别。所谓硬景是指窗芯线条都是直线，线条棱角分明，顺直挺拔，把窗芯分成若干块有角的几何图形；软景

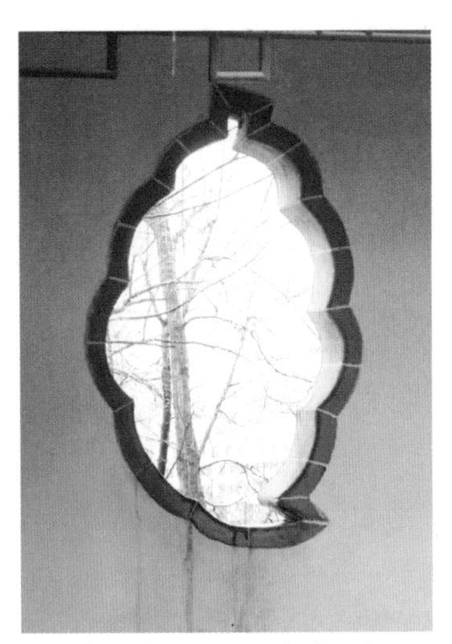
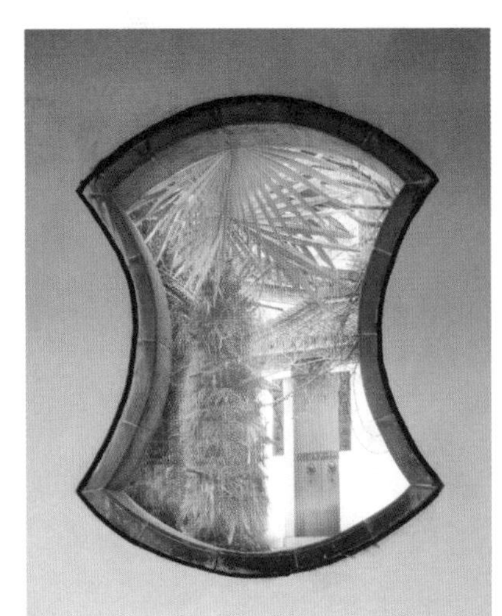
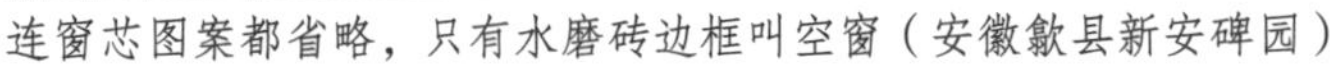
连窗芯图案都省略，只有水磨砖边框叫空窗（安徽歙县新安碑园）

空窗的作用是墙内有景，墙外有光，窗内窗外之景色互为借用，一举而两得 此为苏州留园五峰仙馆

是指窗芯线条，没有明显的转角，多为迂回的曲线，几何图案有方胜、六角景、菱花、鱼鳞、钱纹、球纹、如意、万字海棠、六角穿梅等。自然形态的图案，多取象征吉祥或风雅的动植物，如松、柏、牡丹、梅、竹、兰、菊、芭蕉、荷花等植物，狮、虎、云龙、凤凰、喜鹊、蝙蝠等动物，以及动植物相结合的松鹤图、柏鹿图等。此外，也有文房四宝、八宝博古等图案。

更有一种漏窗墙，连窗图案都省略，只有边框是清水磨边的砖，叫做空窗。形状有方、圆、六角、海棠、方胜、扇面等多种，既增加了墙面的通透，又“墙内有景，墙外有光”，一举而两得。窗内窗外之景色互为借用，隔墙的山水亭台、花草树木，透过空窗，或隐约可见，或明朗入目。倘移步看景，则画面更是变化多端，目不暇接。值得注意的是，漏窗很少使用在外围墙上，以避免泄景。如果为了减少围墙的闭塞、沉闷感，增加围墙的局部观赏功能，则常在围墙的一侧作成漏窗模样，实际上并不透空，墙洞处也有立体砖砌图案，甚至大幅砖雕，供人欣赏。而另一侧仍然是普通墙面。

除了影壁、墀头、花式砖墙外，建筑的墙体装饰还常见于廊心墙砖雕。题材有字画雕刻，也有花卉、祥禽雕刻。槛墙墙体砖雕装饰一般采用在墙体中心刻花的做法，也有的以方砖斜砌成条状花纹，中间置“盒子”图案。讲究的宅院，院墙的花墩上，女儿墙及护身墙的墙心上，也都会有细致的砖雕装饰。

多变的外形配上窗芯花砖的精美纹饰，体现了中国建筑装饰的奇妙之处，既避免了墙体的单调，增加了墙体通透、轻盈的效果（苏州网师园）

赏析

“光影扶疏上西窗”

苏州园林的花墙窗

苏州园林的花墙窗，图案千变万化，玲珑隽美。游人沿廊前行，从花窗中透出的一幅幅画面，宛如一长卷展现在眼前。同时窗前窗后的景物相互渗透，增加了幽静、深邃的意境。

走廊一侧为花墙窗，游人沿廊前行，花窗透出一幅幅画面

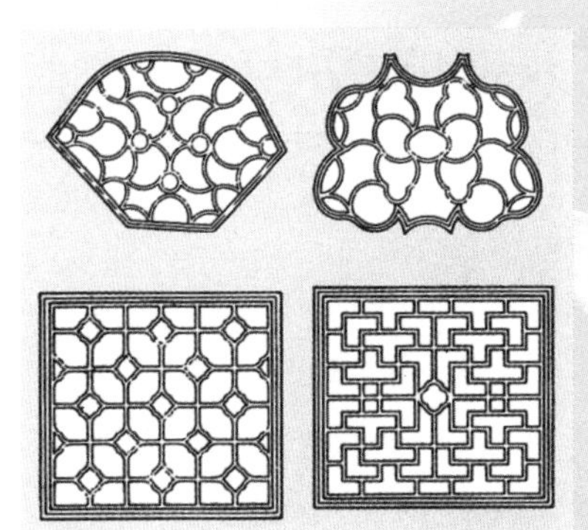

花墙窗图案集锦

苏州留园花墙窗之一

苏州留园花墙窗之二

苏州网师园廊侧花墙窗

苏州藕园花墙窗

假窗即在墙上做成漏窗模样，实际上并不透空，这既消除了大面积墙体的单调，又不使墙外杂景进入园内（浙江杭州胡雪岩故居）

北方一座宗教建筑的假窗，起装饰墙面作用

南方一座宅邸入口处墙壁上的土地神龛，既有实用功能，又丰富了空白的墙面

北方一座伊斯兰风格建筑墙面装饰

福建地区住宅墙面装饰，采用一种浮雕的红色面砖，再镶嵌吉祥文字，别具一格

浙江杭州胡雪岩故居翼墙，水磨砖拼缝，顶部有通景砖雕，加浮雕花饰，中有精美团花，四周镶框，极为工细考究，是典型浙江风格

第七章 牌楼台基看石雕

北京天坛祈年殿成贞门，汉白玉的拱券和栏杆洁白晶莹，汉白玉质地较软，石纹细

石雕是我国古代建筑装饰“三雕”之一，被广泛应用于宫殿、寺庙或民居建筑中。不同的地域，建筑风格各异，石雕的运用也有所不同，其中既有独立的单体建筑，也有大量局部构件，既有实用功能，本身又成为极具观赏性的工艺作品。

我国建筑石雕的可用石材非常丰富，参照刘大可在《中国古建筑瓦石营法》中列举的主要石材：一为汉白玉，具有洁白晶莹的质感，质地较软，石纹细，适宜于雕刻，多应用于宫殿建筑装饰雕刻。如皇家建筑的门洞券圈、石栏杆、石狮子、须弥座等，大多用汉白玉石料雕刻而成，给人以素雅大气的感觉。二为青白石，同为青白石，有时颜色和花纹相差很大，分为青石、白石、青石白渣、砖渣石、豆瓣绿、艾叶青等，质地较硬，质感细腻，不易风化，多用于宫殿建筑及带雕刻的石活。三为花岗石，因产地和质感不同，又细分为麻石、金山石和焦山石等。北方出产的花岗石多称为豆渣石或虎皮石。其中呈褐色的多称为虎皮石，

青白石总称，下细分很多，石质硬，质感细腻，不易风化，用于各种建筑

花岗石质地坚硬，不易风化，纹粗适于做台基、阶条石、地面等装饰

花斑石表面带有斑纹，质地较硬，多制成方砖，用于重要宫殿的地面铺设

青砂石，又叫砂石，呈青绿色或略带黄色，质地软，较易风化

其余的统称为豆渣石。花岗岩质地坚硬，不易风化，适于做台基、阶条石、地面等。但石纹相对粗糙，不易精雕细镂。四为青砂石，又叫砂石，呈青绿色，质地细软，较易风化，多用于小型建筑中。五为花斑石，又叫五音石或花石板，呈紫色或黄褐色，表面带有斑纹，质地较硬，花纹华丽，多制成方砖，磨光烫蜡，用于重要宫殿的地面铺设。面对如此丰富的石材，选材就成为石雕制作的关键问题，不仅要注意石材的形式及纹理，更要充分地考虑石雕的使用位置。即使在同一建筑中，也需要根据装饰部位的不同而选择不同的石材。如石纹的走向应符合构件的受力要求，阶条石、踏跺等，石纹应为水平走向，而柱子、角柱等石纹应为垂直走向，斜纹理或横纹理的石料不宜用作承重构件。

建筑石雕在中国传统建筑中随处可见，牌楼、栏杆、台基、阶石、石柱、柱础、蹲兽、华表等，工匠凭借娴熟而灵活的技巧，化腐朽为神奇，赋予了坚硬的石材以艺术的灵气。其中，牌楼和台基是建筑石雕工艺最易施展之处。

四川隆昌古道牌坊群

山西榆次常家庄园旗杆基座

一、牌楼石雕

在中国传统建筑中，牌楼是一种重要的开敞式建筑。在某种意义上说，牌楼是中国建筑群落的标志性大门，有时也称为牌坊。牌楼最早称为衡门，即在两根立柱上面加一或两条横木组成的门，大多作为普通民居建筑的院门。后来，这种简单的衡门越来越讲究，砌出复杂的斗拱，挑出屋檐，檐顶做成歇山、悬山、庑殿等各种样式，逐渐成为纯粹的装饰性建筑。

牌楼按照立柱的数量、形成的间数，分为两柱一间、四柱三间、六柱五间等多种规模和

河北遵化清东陵陵门大牌坊

牌楼是中国建筑群落的标志性大门，此为浙江东阳卢氏民居建筑群入口处牌坊群

石牌坊中也有立柱不是一字排开而是组成方形甚至叉形的，不过都是特例（安徽歙县许国牌坊）

牌坊在结构上分两种基本形式：冲天式牌坊（左）和非冲天式牌坊（右）

形制。中国现存最大石牌坊是北京明十三陵前石牌坊，形式为五门六柱十一楼，以汉白玉石和青白石雕刻而成，雕饰精美。当然，也有立柱不是一字排开而是组成方形甚至叉形的，不过都是特例。牌楼还有楼数（即屋顶数）和柱子出头与否的区别。以两柱一间式牌楼为例，屋顶可以做成一楼或者三楼样式，牌楼四柱三门既可做成三楼，也可做成五楼样式。同样六柱五间也可做成十一楼，如北京明十三陵的大牌坊，在柱子和开间数相同的情况下，楼数越多，形制越复杂。牌楼按照柱子是否穿透檐顶，也分为冲天式和非冲天式两种。得益于建筑材料的优势，石牌楼是现存牌楼建筑中数量最多的一种，我国四川隆昌、福建漳州和山东石牌坊都很多，安徽皖南更是著名的牌坊之乡。阴纹线刻、平雕、浅浮雕、深浮雕、透雕、圆雕等多种雕刻手法的应用，使石雕装饰遍布于牌楼的各个部位，每根柱石、每道额枋、每块字牌，都饰有精美的雕刻。

目前，我们所见的石牌楼大致由基座、立柱、夹杆石（抱柱石）、额枋、字牌和楼顶六部分构成。

基座是整个牌楼的基础部分，为了增强牌楼的坚固性，通常将基座的大部分埋入地下。考究的牌楼会在基座露出地面的部分装饰浮雕图案，一般的牌楼基座很少进行刻意雕饰。

立柱是起支撑作用的构件。柱体本身有圆形、方形及亚字形等样式。冲天式牌楼因柱顶高出牌坊，柱顶有时饰有圆雕吉兽。柱身装饰以浮雕吉祥图案为主，如山东曲阜“万古长

古徽州“牌坊之乡”

赏析

安徽皖南地区自古产有墨、砚，也是“程朱阙里，礼仪之乡”，孕育出众多忠臣、孝子、节妇和荣登科考金榜之人，因此纪念牌坊众多。在皖南地区田野、村口、祠堂前、书院旁都能看到造型多样的石雕牌坊。

安徽黄山潜口方氏宗祠牌坊，三门四柱五楼式

有代表性的安徽黟县西递村胡文光牌坊，明嘉靖年建

潜口方氏宗祠牌坊额枋“魁星点斗”浮雕

著名的古徽州石牌坊群（安徽黟县棠樾牌坊）

安徽歙县雄村曹氏“四世一品”牌坊，后为曹氏祠堂

山东曲阜“万古长春”石牌坊，不仅形制高大，明间高浮雕云龙盘于柱上，使牌楼显得更庄重

春”坊，明间的立柱，高浮雕云龙盘于柱上，使牌楼显得更庄重。除浮雕外，也有在柱身的正反面雕刻对联作为装饰者，对联的内容一般以揭示牌楼的意义及用途为主。夹杆石（抱柱石）一般安置在立柱的前后两侧，以稳定柱身，起扶持、加固柱子的作用。体积较大的石牌楼一般用夹杆石，体积较小者则仅用抱柱石。夹杆石一般很少雕饰。抱柱石雕饰则相对精美，如山东济宁百寿坊的箱形抱柱石上的吉祥卷草图案，雕刻精致瑰丽。也有的抱柱石直接雕刻为抱鼓形，并饰以狮、麒麟等圆雕吉兽装饰，以增加牌楼的气势。如河南舞阳山陕会馆牌坊的抱柱石，呈抱鼓形，雕饰石狮，形象威猛，极具北方石刻的特点。我国古代一直以木材为主要建材，石材仅为辅助用料。建造石牌楼也是因循以石代木的观念，所以石材与石材的结合部分大都凿石为卯榫，像木构那样拼合。额枋多为明显的仿木结构,上面的雕刻也像在木材上一样精雕细刻，它的繁简难易体现了建造牌楼者的审美观与经济实力。我们说牌坊的精神功能、文化承载、纪念价值远远大于它的物质功能、实用价值，主要就体现在这里。因此，牌楼各开间大、小额枋上的方心，是精神和文化体现之处。是雕刻精致的“双狮戏球”还是“鱼跃龙门”，是繁缛的“尺水龙腾”纹还是“寿”字，意义很不一样。同样，字牌是镌刻文字的位置，也是点明主题的地方。其位于正楼额枋的中间，能显示出牌坊的性质，如“大义参天”是颂扬关羽

的，“贞节”是褒奖封建社会制度下的节妇的。西岳庙前的石牌楼，石刻遍布牌坊各个部位，上刻“天威咫尺”四字，是赞美西岳华山气势的。

山东济宁百寿坊的箱型抱柱石上的吉祥卷草图案，雕刻精致瑰丽

牌楼顶的数量和形式决定于牌楼的样式，牌楼的柱数和开间越多，楼顶数量越多。同样因习惯性“以石代木”，各开间的顶均是仿木结构。但是因石料较重，抗剪力较弱，为了加强稳定性，屋檐挑出部分较小，斗拱、雀替等大部分檐下构件都相对简化，并没有多少支撑作用。考究的牌楼，顶部的脊饰也很复杂，如福建漳州的石牌坊，进深加大，庑殿顶、檐柱、挑梁、拱、中柱齐全，如同一石砌阁楼。

字牌是牌坊镌刻文字的位置，也是点明主题的地方，位于正楼额枋的中间，能显示出牌坊的性质

考究的牌楼会在基座露出地面的部分装饰浮雕图案

夹杆石（抱柱石）一般安置在立柱的前后两侧，以稳定柱身

建造石牌楼也是因循“以石代木”的观念，结合部分大都凿石为卯榫，像木构那样组接

河南舞阳山陕会馆牌坊抱柱石，抱鼓很高，顶部雕石狮，具北方石刻的样式

“节孝”是“褒奖”封建社会制度下的“节女”

牌楼各开间大、小额枋上的方心，是精神和文化体现之处

明代石雕牌坊杰作

陕西华阴西岳庙“天威咫尺”石牌坊

西岳庙位于华山之北，初建于汉武时代，历朝都有扩建，古迹众多。院内三座石坊，明建，中为“天威咫尺”坊三间四柱五楼，左右两座三间四柱三楼，虽均有残缺，仍古朴、庄重，是西岳庙的标志，极富沧桑感。

西岳庙院中央天威咫尺坊

西岳庙“天威咫尺”石牌坊石质如铁，刻纹细密，中枋人物突出枋上皮，较罕见

“少皞之都”石坊，虽有破损，但仍显残缺美

“天威咫尺”枋抱鼓石，装饰华丽，雕刻精美

因石牌坊多以石代木的原因，坊顶多是仿木结构造型，但因石料较重，抗剪力较弱，屋檐挑出都不多

福建漳州街口石牌坊，是座当地流行的三间（进深两间）十二柱五楼石牌坊，设这样多的立柱与绦环板镂空雕都与增强抗风力，减轻风压有关

二、台基石雕

古代建筑往往建造在高出地面的台基上（四川平武报恩寺）

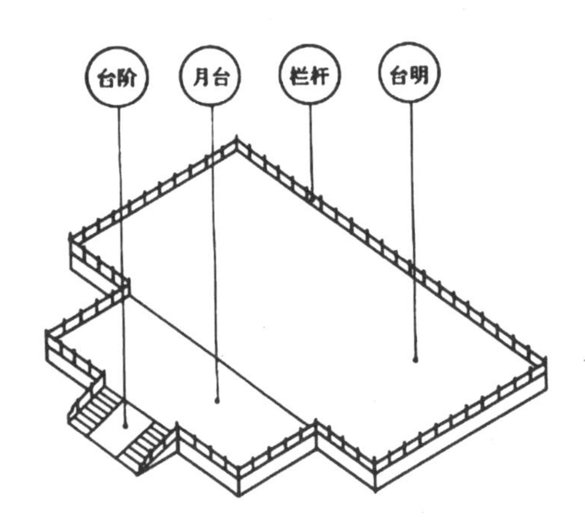

我国古代建筑，台基、屋身、屋顶是建筑的主要组成部分。为了防水防潮，增加房屋的坚固性，古代建筑往往建造在高出地面的台基上。商周以后，这种出于实用目的的台基逐渐演变为社会地位的象征，人们以宫室的高台榭为美。正所谓“高台榭、美宫室”，越是重要的建筑，台基就越高，装饰也越精美。至明清时期，官式建筑的台基已经很程式化了，主要包括基座、台阶、栏杆三个组成部分。台阶和石栏杆是台基的附件，并非台基必有，只有在高体台基中才使用台阶和栏杆。台基较矮时，台阶可以不设。

明清时官式建筑台基已程式化，主要包括基座、台阶、栏杆三个组成部分

建于高高台基上的河南开封龙亭大殿

台基较矮时，可以不设台阶（山东曲阜孔庙）

（一）基座石雕

台基的基座，从样式上分为平台式和须弥座式两类。平台式属于低层次基座，通用于一般建筑，没有太多装饰元素，只有少数石座，全用石材垒砌，属于中等层次，可用于一般殿堂的基座，在陡板石和角柱部位装饰一些花卉、动物等。

须弥座是制作考究的一种台基，初始用于宫室、寺庙等重要殿堂建筑，明清以后也广泛用于牌楼、影壁、石狮子、华表、抱鼓石等小品建筑或建筑构件的基座。须弥座又名金刚座，最初用作佛像或神龛的台基，借以衬托佛像或神像的高大。须弥指须弥山，在印度古代传说中是世界的中心，是佛教的圣山，是神圣伟大之所。用须弥山来做佛像的基座，以示对佛的虔诚和恭敬。佛教传入中国之后，中国传统建筑开始以须弥座的造型作为台基。与普通的建筑台基相比，须弥座雕刻更加华美，用砖或条石一层层向外垒砌挑出或向里一层层收进的叠涩手法制作而成，带有雕刻花纹和脚线。

须弥座又名金刚座，最初用作佛像或神龛的台基，借以衬托佛像或神像的高大

须弥座的形式较多，但基本形态都是上下宽、中间有束腰，整体呈“工”字形。其结构自下而上为土衬、圭角、下枋、下枭、束

标准须弥座自下而上为土衬、圭角、下枋、下枭、束腰、上枭和上枋七部分

中国古代建筑以须弥座的造型作台基十分普遍（北京雍和宫）

腰、上枭和上枋七部分。这种标准形式的须弥座装饰特点相对固定：圭角一般雕刻如意云纹样；上、下枋图案以宝相花、卷草及云龙纹样为主；上、下枭多雕刻有“巴达马”，即变体的莲花纹样；束腰雕刻以上下对称、动势较强的“椀花结带”纹为主；转角部位一般雕刻为“马蹄柱子”形（俗称“玛瑙柱子”）或使用角柱石。用于庙宇的须弥座有在束腰转角处雕凿“力士”形象的，非常传神。从雕刻手法来看：上、下枋以浅浮雕为主，纹样较浅；上、下枭和束腰部位多为高浮雕，采用“剔地起突”的雕刻手法，纹样高出底面很多，具有很强的装饰效果。在具体使用过程中，须弥座可作各种变化处理。常见的变化形式是两个须弥座上下叠加，如北京颐和园乐寿堂前的石座，

河北易县清西陵崇陵前“石五供”须弥座雕刻华美

上面为标准须弥座，下面为变体处理的须弥座作为整个石座的基座。有的如北京故宫的日晷、铜鹤等石座，均加宽束腰，加大须弥座的整体高度。还有的变化形式如故宫皇极殿前的旗杆座。在宗教建筑里，须弥座束腰转角还会出现力士，非常生动，在束腰出现束柱和壶门等装饰，其表面雕饰的内容题材仍以花卉植物、八宝、回纹、万字纹等吉祥图案为主。

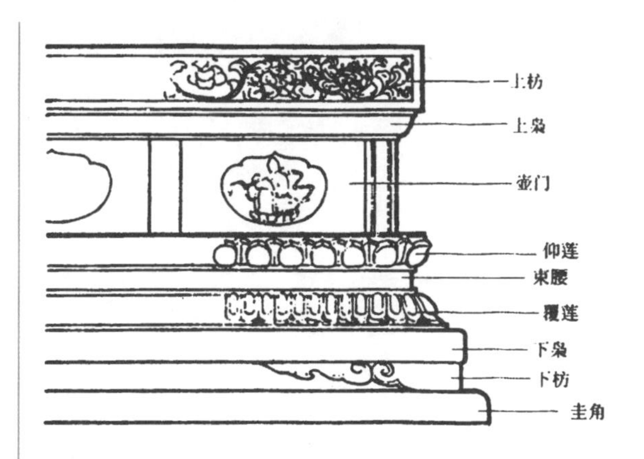

经典的须弥座是采用一层层向外垒砌挑出或向里一层层收进的叠涩手法构成的

源于佛教的须弥座有多重变化形式

赏析

常见的变化形式是两个须弥座上下叠加，加宽束腰，加大须弥座的整体高度。四角出现力士，束腰出现束柱和壸门等装饰。须弥座传入中国后产生了丰富的变化。

北京颐和园乐寿堂前叠加式的须弥座

北京北海永安寺须弥座，束腰短，上加栏杆

北京故宫的日晷，束腰处充分升高

须弥座束腰转角出现力士

须弥座束腰处加小狮子和立柱

北京故宫的日晷

北京颐和园古玩架仿须弥座，呈八角形

北京故宫御花园石花盆，吸收须弥座元素

（二）台阶

中国古代建筑，尤其是官式建筑的台基较高，所以一般要置台阶，作为上下台基的通道，即我们通常所说的阶石，又称石踏跺。石踏跺包括石阶、垂带石（踏跺两旁，依石阶的斜度斜下的石面）、如意石（第一层台阶前，与室外地面高度相同，用于宫殿建筑）、象眼石（垂带下面的三角形部分）、御路石（又称龙凤石，在御路踏跺的中间，长度与垂带相同，上刻龙凤、云纹等）和土衬石六个部分。

石踏跺的种类很多，参照刘大可在《中国古建筑瓦石营法》中的提法可分为以下几种类型：垂带踏跺是在石阶两侧做“垂带”的踏跺形式，这种形式在古代建筑中最多；如意踏跺上下相对自由，从三面都可以上人；御路踏跺中间带装饰性的御路石，主要用于重要的宫廷建筑和一些大型宗教建筑中。御路踏跺中间的御路石块也叫陛石，是用汉白玉等较珍贵的石料来雕凿，石面上雕有龙、凤、海水、山崖等图案。御路踏跺中间部分已经逐渐失去其行走功能，突出了装饰功能，是石雕技术的充分展示。还有一种叫云步踏跺的，即用未经加工的石料，仿照自然山石做成的踏跺，一般用于园林建筑，兼顾实用与观赏双重功能，与园林中的山石、铺地、花木相结合。

“垂带踏跺”即在石阶两侧做“垂带” 的踏跺形式

从三面都可以上人的踏跺为如意踏跺

“云步踏跺”与园林中的山石、铺地、花木结合得非常自然，不露痕迹

御路踏跺中间的石块也叫陛石，它已逐渐失去其行走功能。陛石都是用汉白玉等较珍贵的石料来雕凿，常雕有龙、凤、海水山崖等图案。突出了装饰功能，是石雕技术的充分展示

（三）栏杆

唐宋时代的栏杆即已有望柱、栏板、寻杖三部分

石栏杆，宋代称“勾栏”，多用于须弥座式台基上,有时也用于普通台基上。石栏杆由望柱、栏板和地栿三部分组成。

台榭边、花池旁、踏跺上，石桥上都会设有石栏杆，尤其是江南园林民居建筑、浙皖宗祠建筑，常有雕刻精美的石栏杆形影相随，形成一道引人入胜的景致。栏杆用在高台建筑上，甚至像故宫三大殿那样，层层叠叠，所营造出的雄伟壮观气势，不是其他建筑结构所能替代。

地栿是栏板的首层，位置比台基阶条石（或须弥座上的上枋）退进一些，退进的部分叫“台基金边”，地栿部位一般不作雕饰。

望柱是在栏杆中出头的柱子，分为柱身、柱头两部分。柱身的造型大都为简单的方形石柱样式。有的有浅浮雕龙纹、卷草纹或如意线框。柱头装饰手段较为多样，官式做法柱头可雕刻成莲瓣、龙、凤、石榴、狮子、复莲、叠落云子、素方、仙人、蕉叶等；民间做法柱头样式更活泼一些，可以是水果、动物，也可以是文房四宝等。

望柱与望柱之间的栏板，是石栏杆的主体，也是石雕最精彩的部位。栏板的装饰形式

栏杆用在高台建筑上，层层叠叠，所营造出的雄伟壮观气氛，不是其他建筑结构所能替代的。望柱是在栏杆中出头的柱子，分为柱身、柱头两部分

石榴望柱头，多用于皇家园林建筑中，也有用于次要宫殿

与栏杆的造型和制式相关，栏杆的造型不同，栏板刻凿的内容题材有较大差异；同样的，人们也以栏板的样式来划分栏杆的类别。刘致平在《中国建筑类型及结构》中，将栏杆分为以下几种形式。

寻杖栏杆，又叫禅杖栏杆，在石栏杆中比较常见，自下而上由栏板、净瓶和寻杖（禅杖）三部分组成。栏板上有的只浅刻“合子”，也会在合子内雕刻一点花纹，叫做“合子心”。寻杖栏杆的栏板部分因为有内容，且雕刻华美，所以从宋代时称为华板。一些古建筑将华板作为一幅很大的画面，上面刻出山水景色、花鸟鱼虫、文房四宝，甚至人物、动物等浮雕，构成完整的、可供赏玩的石刻艺术品。栏板之上是净瓶，雕刻为净瓶荷叶或净瓶云子，也有的雕刻为牡丹、宝相花等。禅杖上一般起鼓线，不作雕刻。

栏板式栏杆，即只有望柱及柱间栏板，而不用寻杖、宝瓶等物，造型简洁，外观显得

火燃柱头，下有小基座，自下而上是荷叶、连珠、莲瓣，上托“二十四气”纹。是皇家建筑望柱的一种，但多用于与自然有关的建筑，如坛、陵和大型石桥等，也叫二十四节气望柱头

宫殿建筑用程式化寻杖栏杆，又叫禅杖栏杆，由寻杖、望柱、华板等组成

龙、凤 柱头 是栏杆柱头的最高级别

非常坚固，栏板或光素无华，或透雕万字、卷草，或浮雕云龙等。

檝子式栏杆，只有望柱和立柱，没有栏板的栏杆，这种栏杆比较少见。

罗汉栏杆，只有栏板而不用望柱的石栏杆，简洁素雅，多用于石桥上，两端多用抱鼓石。

石坐凳栏杆，用长石条搁在石墩上，或矮石柱侧组成矮栏杆，可坐着休息，主要用于园林建筑内。

木石栏杆，比较少见的一种栏杆，多为石望柱、木寻杖结构，适用于园林景点。

后几种简洁的石栏杆，虽不如寻杖栏杆那样常见，但在山峰迭起、曲桥跨水、廊阁周回的园林宅第中起着不可缺少的点缀作用。

浙江金华兰溪诸葛村丞相祠堂栏板式栏杆，造型简洁，外观显得非常坚固，望柱头造型丰富多彩

罗汉栏杆，只有栏板而不用望柱的石栏杆，极其简洁

坐凳栏杆，用长石条搁在石墩或矮石柱上

水乡的木石栏杆

石雕栏杆华板赏析

赏析

寻杖栏杆的栏板部分因为有内容，且雕刻华美，所以从宋代时称为华板，一些古建筑将华板作为一幅很大的画面，上面刻出山水景色，花鸟鱼虫、文房四宝，甚至人物、动物等，成为完整的石刻浮雕艺术品。

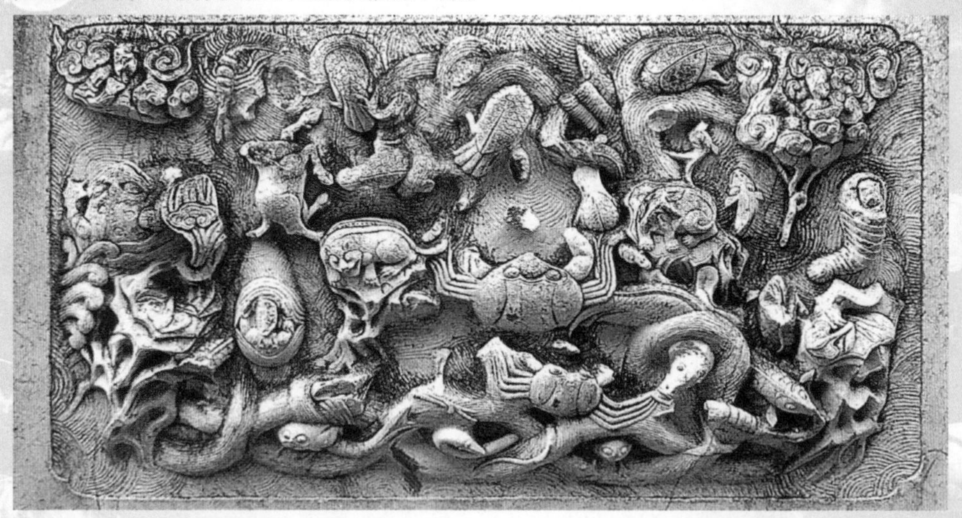

福建泉州南安天后宫栏杆华板刻水族八宝

安徽绩溪周氏宗祠栏杆华板，雕夔龙纹、文房四宝和“鸳鸯喜荷”图

安徽歙县北岸村吴氏宗祠栏杆华板，雕杭州西湖“三潭印月”、“苏堤春晓”二景

第八章 牌坊影壁看琉璃

唐代出土的流璃宫殿模型

在中国古建筑中，被尊崇、被列为高规制的建筑物一般都有一个很显著的特点：一定有琉璃构件。元代剧作家王实甫在《西厢记》中写道："梵王宫殿月轮高，碧琉璃瑞烟笼罩"，清初诗人唐孙华也在《东岳庙》诗中说："我来瞻庙貌，碧瓦琉璃光。"可见琉璃在古人眼中是至善至美之物。

我国自汉就已经有了关于琉璃的明确记载，琉璃成为国之宝物。《汉书·地理志》中所提到的"壁流离"，指的就是"琉璃"，在西汉桓宽的《盐铁论》中也有提及。因其色泽莹润，最初多作为玉器的替代品，用于佩戴或作为家具、器物等的镶嵌装饰。

琉璃作为建筑装饰，有出土文物能够证实的历史始于公元5世纪中叶的北魏平城宫殿。《太平御览·郡国志》记载："朔方平城，后魏穆帝治也，太极殿琉璃台及鸱尾，悉以琉璃为之"，此时建筑琉璃饰件以黄、绿色琉璃瓦为主，釉色相对单调。

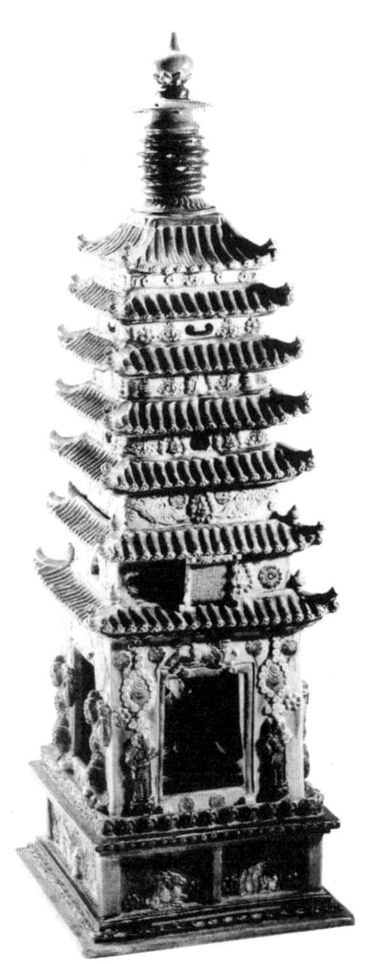

此为宋代琉璃塔，建筑琉璃的制作工艺得到提高，这一时期琉璃鸱吻、垂兽、脊饰等皆已出现

隋唐时期，门、窗、屋面墙面装饰用琉璃构件均已出现，琉璃釉色丰富，除黄、绿釉外，又常使用蓝釉。长安大明宫遗址发掘时，在出土的琉璃瓦及碎片中，釉色以绿色为多，蓝色次之。这时期，琉璃作为建筑材料，釉色多样，比木材更坚固，比砖石色泽更艳丽，能使建筑造型更加美观，因而受到人们的重视，并开始应用到宫殿以外的寺庙建筑上。崔融《嵩山圣母庙碑》中就有“周施玳瑁之椽，遍覆琉璃之瓦”的描述。

宋代，琉璃的制作工艺得到提高。在《营造法式》中详细记载了琉璃砖、瓦及其他构件的烧制方法、工艺尺寸及镶嵌方法等，建筑琉璃的使用已经形成相对稳定的规制。此时期建筑琉璃的种类也更丰富，除琉璃瓦、琉璃砖外，建筑脊饰的琉璃鸱吻、垂兽等皆已出现。

元代专门设置了琉璃局管理琉璃事务，琉璃制作在原料、工艺、形制上均有新的发展。元代以前，琉璃多用陶泥黏土、胶泥土制造，胚胎粗松。元代后采用坩子土制烧出的琉璃胚胎色正，呈月白色，釉色艳丽，质坚硬，成大型而不开裂。釉色也突破前代黄、绿、蓝为主的简单色调，又有白、褐、赭诸色，丰富了建筑的色调。

明清两代是建筑琉璃应用和生产获得极大

河南开封宋代祐国寺琉璃塔飞天面砖

发展的时期，烧制工艺成熟，胎釉结合紧密，釉色滋润细腻，出现了明黄、翠绿、孔雀蓝、绛紫、乳白等多种釉色。多色的精美琉璃极大地丰富了建筑的色彩，对建筑产生了强烈的装饰效果，成为一种华丽富贵的装饰手段。

琉璃的烧制有几十道工序。第一次烧制叫“素烧”，即将春雨浸泡、夏日暴晒、冬雪凝冻的陶土经粉碎、筛选、淘洗、炼泥后，通过支坯，修整成型，再精雕、晒干、烘烤，入窑经摄氏1000~1150度之间素烧。然后再将素烧好的胚胎根据不同的要求以含铁、铜、锰、钴、黄丹等的材料做着色剂“施彩釉”，并用铅作助溶剂，二次入窑进行“彩烧”，这就出现了“入窑一色，出窑万彩”的奇妙变化，琉璃件呈现出神秘、美丽的釉色，前后生产过程大约四五十天。

美丽的琉璃，折射出中国人的色彩观念，也承载了更多封建礼制的含义。“五行”观念将青、赤、黄、白、黑五色对应东、南、中、西、北五位，以中为上，以黄为尊。皇帝的衣、食、住、行垄断了黄色，他人若是擅用黄色，就是“逾制”。清初摄政王多尔衮被削夺封号的罪状之一，就是在他亲王府里的一个绿琉璃瓦殿顶，镶着一道黄色的琉璃边，这居然成为摄政王谋逆的罪证，可见黄色琉璃的尊崇地位。

绿色是草木萌发的颜色，象征春天，在方位上对应东、代表旭日东升，对于皇帝的子孙来说，顺利成长最为重要，所以王子、亲王们府邸都用绿琉璃瓦覆顶。北京雍和宫原本是康熙四皇子雍亲王的王府，宫内只能用绿琉璃顶，他后来继承了皇位，成为雍正皇帝。他驾崩后停柩在此，屋顶改用黄灿灿的琉璃瓦。这都说明琉璃色彩有着特定的含义。我们也能从不同色彩的琉璃瓦顶来认识古代建筑的功能和性质。

明清两朝明令，琉璃只能用于帝王宫殿和皇家坛庙，以及皇帝下旨“敕建”的宗教建筑上，地方民间建筑尤其是民居严禁使用琉璃。但是实际上清王朝中后期，“无皇上旨意不准擅用琉璃”的禁令就已没法实行了。从这一时期起，已有大量会馆、祠堂、庙观等，根据建筑的需要和主人的财力，在屋顶、脊饰、壁饰

河南开封佑国寺塔琉璃砖有50余种，此时琉璃釉色突破前代黄、绿、蓝为主的色调，又有白、褐、赭诸色

河南开封延庆观琉璃装饰的玉皇阁，元建。据知，元代专门设置了琉璃局管理琉璃事务，琉璃制作在原料、工艺、形制上均有新的发展

上采用琉璃。民间琉璃建筑以山西尤盛，如山西灵石静升镇文庙影壁的顶，介休后土庙所有大殿、戏台的屋顶和翼墙，以及河南开封、社旗一带的会馆屋顶、影壁，全都大量选用琉璃砖瓦，但并未见有“敕建”的字样。

不过，正因为明、清两朝确实有过这类条例，所以琉璃这种建筑装饰材料及工艺就没有像砖刻、木雕这样在民间普遍运用。

所以今天我们可以见到的琉璃建筑仍以皇家宫殿建筑、敕建寺庙最为突出。这里就从这些建筑群落的前导部分——琉璃牌坊和琉璃影壁，来赏析中国古建筑的琉璃艺术。

雍和宫直至雍正死后停柩时，屋顶才改为黄瓦。

明清两朝琉璃只能用于帝王宫殿和皇家坛庙，以及皇帝下旨“敕”建的宗教建筑中（湖北武当山紫霄宫）

曾以巍塔傲苍穹　今有琉璃遗人间
——明代报恩寺塔琉璃砖饰件

报恩寺塔是明代朱棣于永乐10年在南京中华门外建造，历时19年方成，周边有八角形台座三重，塔身平面八角形，高九层。明清时被誉为“世界建筑七大奇迹之一”，惜毁于太平天国战争。据说当时烧造琉璃釉面砖都是两套，下图为出土的报恩寺琉璃件。

明代琉璃烧制工艺成熟，胎釉结合紧密，釉色滋润细腻，出现了明黄、翠绿、孔雀蓝、绛紫、乳白等多种釉色。

南京大报恩寺琉璃塔拱门复原

琉璃面砖

大报恩寺滴水

大报恩寺塔琉璃龙吻

琉璃拱门构件

山西介休后土庙大量使用琉璃材料，称为琉璃艺术博物馆

河南社旗山陕会馆普遍采用琉璃砖瓦饰件

介休后土庙戏台翼墙顶、檐、脊、墙心均用琉璃装饰

河南社旗山陕会馆琉璃砖瓦装饰的大门，钟鼓楼

一、琉璃牌坊

牌坊是在立柱上加额枋等物件的一种标志性或纪念性建筑，按照建筑材料可以分为石牌坊、木牌坊、砖牌坊和琉璃牌坊。琉璃牌坊既包括整体建筑全部由琉璃材料包裹装饰起来的牌坊，如河北承德外八庙普陀宗乘之庙“总持佛境”的那种样式，也包括两柱之间为琉璃夹墙的牌坊，如河北遵化清东陵孝陵前以石为立柱和横坊、石柱之间夹以琉璃面砖夹墙的“龙

河北承德外八庙普陀宗乘之庙“普门应现”琉璃牌坊

凤”式冲天牌坊。后一种类型的牌坊还有山西代县文庙前牌坊、陕西韩城文庙牌坊式棂星门。虽然柱、枋材料不同，但夹墙的琉璃装饰十分类似，壁上镶嵌了龙凤花纹的彩色琉璃砖，增加了尊贵、绚丽的气息。前一种类型，贴饰琉璃砖瓦的牌楼，更为金碧辉煌，华贵亮丽。因为多设于皇家建筑和皇帝赐准的宗教建筑前，在各类牌楼中等级最高，如国子监内琉璃牌楼、颐和园内佛香阁的众香界琉璃牌楼、北京东岳庙的琉璃牌坊、香山卧佛寺琉璃牌楼、河北承德外八庙的两座五彩琉璃坊等。此外，承德外八庙的须弥福寿之庙琉璃牌坊这些琉璃的装饰主要分布在坊顶、额枋及匾额上。

北京故宫小院琉璃影壁，壁心为“莲荷鸳鸯”图，莲叶荷花丛中两只鸳鸯浮游在水面上，神态悠闲

河北遵化清东陵孝陵“龙凤门”式牌坊，门洞之间有琉璃影壁连接柱子，华丽精致、色彩鲜明

陕西韩城文庙牌坊式棂星门，门之间及两侧有琉璃墙

（一）坊顶装饰

琉璃牌坊檐顶与房屋建筑一样也分歇山、悬山、庑殿等多种样式，多以黄、绿色琉璃瓦覆盖顶部，流光溢彩的琉璃瓦上饰有复杂而精美的脊饰。一般设有琉璃宝珠、火焰等装饰。两端设鸱吻，张口吞脊，怒目前视，高尾前卷，两鳍弯上。既是屋顶两坡相交汇点用来防雨的实用构件，也是增加牌楼气势的装饰。垂脊前端设垂兽，戗脊前端设戗兽，垂兽、戗兽多为头生双角、身披怪鳞。如北京颐和园内众香界牌楼的顶部装饰就极为精美，屋顶为黄琉璃瓦、绿剪边，明、次间顶部均设琉璃鸱吻、垂兽，彰显皇家建筑的尊贵气势，正中有五色斑斓、丰富玲珑的喇嘛塔形式的宝顶，象征建筑与佛教相关。

琉璃牌楼是砖筑主体，故而屋檐挑出部分

较小，斗拱、雀替等大部分檐下仿木构件的结构都相对简化，以琉璃贴饰，釉色与屋顶相烘托。如香山卧佛寺内的琉璃牌楼，为三间七楼式，七楼皆为黄色琉璃瓦，檐下为青色斗拱，斗拱下面贴饰黄绿色琉璃构件，釉色以黄色为主，间杂绿色，非常和谐。

（二）额枋装饰

琉璃牌楼的额枋位于明次间正、背两面拱门的上部，均以琉璃砖拼贴而成，有缠枝花卉、瑞兽、抽象几何等多种图案。如北京东岳庙牌楼，是北京现存唯一的一座琉璃过街牌楼，很有代表性。额枋大量使用了琉璃装饰，该牌楼也为三间四柱七楼式结构，每间下面各有砖砌拱门，

北京颐和园众香界牌楼顶为黄琉璃瓦绿剪边，顶部琉璃鸱吻、垂兽，正中有五色斑斓的琉璃宝顶

河北承德外八庙须弥福寿之庙大红台前琉璃牌坊

河北承德外八庙普陀宗乘之庙“普门应现”琉璃牌坊

国子监琉璃牌坊，乾隆皇帝在该坊正、背面分别御题 “学海节观”、“圜桥教泽”八个大字

颐和园万寿山牌坊矗立山巅，“众香界”三字提示人们已凳临“圣洁的佛国”

拱门上方为两道琉璃横枋，上下两道横枋之间有长条形的装饰带。装饰带内雕饰了大叶、小叶，直立、卷枝，黄色、绿色等不同形象的牡丹花，釉色莹润。它的风格与颐和园众香界琉璃坊相比，就显得朴素、淡雅一些，没有前者那么奢华，较为特别。

（三）匾额装饰

牌楼正间匾额多为题字，文字内容点明牌楼的性质，如颐和园智慧海前琉璃牌楼的正间匾额“众香界”是佛教用语，是佛经中虚构的国家有国名为“众香”，有佛号为“香积”，国内楼阁花园皆有香味，以“众香界”三字提示人们已经登临圣洁的佛国了。故宫太学门内国子监的琉璃牌楼是专为教育而建的牌楼，匾额雕刻乾隆皇帝御笔亲书“学海节观”和“圜桥教泽”八个大字。次间的匾额处与颐和园众香界牌楼次间匾额处一样，以琉璃拼贴金龙图案，是皇家建筑的象征。

东岳庙琉璃牌坊的匾额处就仅贴牡丹缠枝琉璃砖，视觉上更内敛一点，色调上也更素净一些。

北京东岳庙琉璃牌坊，内敛素净

二、琉璃影壁

北京故宫宫门和翼墙，“盒子”安装于两侧墙面的正中央，是观者的视觉中心

影壁是建筑组群的屏障，既可以遮挡外人视线，又能够增加宅院的气势。元代末期影壁装饰开始使用琉璃构件，而明清两代是琉璃影壁的大发展时期。其装饰形式分为彩色琉璃镶嵌装饰影壁上部分，和整个影壁用琉璃贴饰两种。即使满贴琉璃的装饰形式也分为两种：一种是壁身和壁顶贴饰琉璃，壁座为汉白玉石和其他石材雕饰，如北京故宫九龙壁；一种包括壁座在内完全用琉璃贴饰，如北京北海九龙壁。

（一）壁身装饰

壁身装饰一般有壁心的琉璃盒子和四角的琉璃岔角装饰。盒子安装于影壁墙面的正中央，是观者的视觉中心，因而是最重要的装饰构件，尤其精彩。雕饰图案十分多样，涉及莲花、牡丹等花卉卷草，以及狮、鹿等瑞兽。如太和殿左右捷门的翼墙、西路宫门的翼墙上的羊、游龙飞凤等吉祥瑞兽。按照建筑等级和性质的不同，其装饰图案也有所差别。如故宫乾清门、宁寿门前翼墙壁心盒子，都是一个完整、闭合的团花形式，以云龙团花图案为主；

陕西韩城文庙前五龙壁，以琉璃砖上烧制的蟠龙装饰

北京故宫遵义门琉璃影壁

北京故宫养心殿宫门影壁

后宫妃嫔的宫殿，则多用禽鸟、花卉图案。

以上所说是一种影壁和翼墙很程式化、规范化的形式，也称做“软心”包框形式。在地方上民间建筑还有一种“硬心”包框的做法，即由数块烧制的琉璃彩砖，镶拼成大幅图案，几乎布满整个壁心，非常粗犷、充实。如陕西韩城文庙前的琉璃五龙壁、韩城文庙与城隍庙之间三条团龙的三龙壁、城隍庙前左右各七幅龙凤琉璃图案，以及河南社旗山陕会馆影壁、湖北襄樊山陕会馆两侧翼墙，都是“硬心”包框形式。不过，也由有很多小块画面隔开、镶拼壁心的，如山西运城关庙前的琉璃牌坊，但与铺满壁心式相比，这种形式比较少。还有一种“硬心”包框有琉璃砖满铺的，但图案组合形式仍保留。影壁壁心盒子四角岔角的构件，按上下左右对称的基本程式。如养心殿宫门两侧的影壁，就是以花卉为题材装饰，整座影壁以黄色琉璃砖为框，绿色枋为壁身装饰，以绿色琉璃砖铺地，圆形盒子内为浮雕的鹭鸶卧莲图，白色的鹭鸶、绿色的荷叶、黄色的荷花、祥云流水绕行其间，四个岔角为四种富贵花卉，构图丰富协调、十分完美，为琉璃影壁中的精品。

烧制琉璃时，如果是花卉盒子，面积较大，琉璃砖就需要分块烧制，然后再按照图案拼接起来。在分块时要考虑单块琉璃砖内图案的完整性，一朵花卉一般不能分在两块砖上雕刻烧制。简单者全部使用浮雕手法分块雕出花卉，然后进行烧制、拼接、安装；工艺复杂者为了使花朵的立体感更强，可将枝叶浮雕而成，主体花朵则单独烧制后用榫头嵌入事先留出的凹槽内，工艺非常复杂巧妙。至于整个壁心都是图案的，就只能精心分块切割，烧制好再拼接了。

陕西韩城城隍庙前左右也各有一面贴有琉璃的大影壁

湖北襄樊山陕会馆两侧翼墙，琉璃装饰，色彩斑斓

琉璃砖上烧制彩画，以黄、绿两色为主，形式上以仿制一整二破的旋子彩画最为常见

河南社旗山陕会馆高大的五福蟠龙琉璃影壁

（二）壁顶装饰

相对于牌楼的屋顶装饰，影壁的壁顶装饰相对简洁，琉璃构件注重与壁身、壁座协调，以釉色的华美、丰润取胜。影壁壁顶根据壁的等级和繁简程度，分别采用庑殿顶、歇山顶、悬山顶、硬山顶等，琉璃构件以不同釉色模仿木构建筑的彩画，在琉璃砖上烧制彩画。以黄、绿两色为主，以绿色铺底，黄色入画，形式上以仿制一整二破的旋子彩画最为常见。

（三）壁座装饰

琉璃影壁的壁座多为须弥座，分为贴饰琉璃或不贴饰琉璃两种情况。不贴饰琉璃装饰的壁座，保留石雕须弥座流畅大气的装饰效果，贴饰琉璃的壁座，一般素面无纹以釉色鲜明取胜，或仅在圭脚部分雕刻云或万字等简单纹样，整座影壁浑然一体。

三、九龙壁

北京故宫九龙壁，位于故宫皇极门南面，该壁长29.4米，高3.5米，是背倚宫墙而建的单面琉璃影壁

现存所有琉璃影壁中，最为特殊和尊贵的当属“龙壁”。其中有在壁心处雕盘龙纹样的琉璃龙壁，但规格最高的是壁面全用琉璃拼贴成龙形图案，按数量分为九龙、五龙、三龙、双龙、独龙等多种样式。我国现存三座九龙壁：故宫九龙壁、北海九龙壁和山西大同九龙壁。

三座九龙壁中，最精美的当属故宫九龙壁，它位于故宫皇极门南面，该壁长29.4米，高3.5米，是背倚宫墙而建的单面琉璃影壁，为乾隆三十七年（1772）改建宁寿宫时烧造。壁座为汉白玉石雕须弥座，不同于另两座用琉璃贴饰。壁顶为庑殿式覆黄色琉璃瓦，琉璃大脊雕刻水纹和九龙图案，正所谓蛟龙出海。壁身以黄、蓝、白、紫等多色琉璃贴饰出九条巨龙，有坐龙、升龙和降龙，神态各异，皆为高浮雕手法塑造。龙四周满布浅蓝色云朵纹，下面为衬托主体的海水及山石。整个画面高低起伏，错落有致，细部极其精美。

北京故宫九龙壁，壁身琉璃贴饰出九条巨龙，龙四周满布浅蓝色云朵纹，下面为衬托主体的海水及山石

北京北海九龙壁，为双面琉璃贴饰，琉璃基座

北海九龙壁蛟龙出水造型

山西大同和阳街明代王府前九龙壁

九龙壁脊瓦、斗拱、额枋等琉璃饰件局部

北海公园内的九龙壁是现存唯一一座双面九龙壁，壁身长27米，高6.5米，嵌有山石、海水、流云、旭口和明月等，壁身两面均各有九条巨龙，共十八条龙，色彩绚丽。

山西大同九龙壁位于市中心大东街（和阳街）路南，建于明朝初年，是明代王府的大影壁。长45.5米，高8米，由426块特制烧造琉璃构件拼砌而成，是我国现存规模最大、历史最古老的琉璃影壁，壁身雕刻九龙戏水图案，九

山西大同观音堂三龙壁局部

大同观音堂前明代建的三龙壁，为双面琉璃贴饰

九龙壁檐部琉璃装饰

条巨龙姿态各异，翻腾飞舞于水雾云气之间，精美富丽。

其实在我国像北海九龙壁那样整个壁面全部用琉璃拼贴成龙图的“龙壁”，在山西大同还有两座。不过一座是“五龙壁”，在大同善化寺；一座为“三龙壁”，位于山西观音堂。尽管规格不同，但其形制、构造、琉璃砖色彩与北海九龙壁基本一样，其壁座也是用琉璃面砖饰贴。这两座琉璃龙壁均是明代建造的，而其中三龙壁还是双面的。其琉璃砖由黄、蓝、赭、紫、白等鲜艳的色彩构成，相互衬托，变化极为丰富，龙的形象上下翻滚，生动逼真，是琉璃影壁珍品。

除了牌楼和影壁，琉璃还广泛应用于宫殿建筑的屋顶、墙面或寺庙的佛塔。琉璃瓦之施用，遂成为中国建筑特征之一。林徽因在一篇文章中说：“这个宝贵材料，更使中国建筑大放异彩，本来轮廓已极优美的屋宇，再加以琉璃色彩的宏丽，那建筑的冠冕便无瑕疵可指。”

大同善化寺五龙壁，原在城南兴国寺山门前，移至今址，为明代遗物

第九章 岭南祠庙看灰塑、陶塑、嵌瓷

灰塑、陶塑及嵌瓷工艺被广泛应用于岭南建筑（广东三水胥江祖庙）

灰塑、陶塑及嵌瓷是岭南建筑装饰的重要手法，三者以独特的工艺，塑造各式戏文人物，刻绘吉祥花鸟，贴饰亭台山水，描摹了岭南社会生活的百态。这些建筑装饰艺术极具浓郁的地方特点，造型生动，色彩绚丽，立体感强，是传统文化的载体，是我国南方建筑艺术的奇葩。

灰塑、陶塑及嵌瓷工艺能在岭南形成及广泛应用。第一，从环境特点上说，岭南地区濒临海洋，高温多雨、空气潮湿、台风频发，而灰塑、陶塑及嵌瓷工艺的原材料或粘结材料以石灰、贝灰、陶土等为主，有耐酸、耐碱、耐高温的性能，适合岭南炎热、潮湿、多风的自然环境，且色彩历久弥新，因而被广泛应用于岭南建筑的门头、窗套、墙壁、屋檐、瓦脊之上。第二，濒临海洋和通商口岸的地理位置，使岭南成为环境优美、物产丰饶、生活富足的地区之一，人们有财力、物力将建筑内外大肆装饰，尤其是关乎宗族荣耀的祠庙建筑，装饰之风极盛。第三，岭南地区风景绮丽，自然色彩极为丰富，人们生活劳作中见惯了丰富多彩的色调，也乐于将其体现到宗庙的建筑装饰上。在目前保存完好的广州陈家祠、佛山祖庙、三水胥江祖庙、德庆悦城龙母祖庙等祠庙建筑中，色彩绚丽的灰塑、陶塑及嵌瓷装饰是建筑的重要看点。与广东毗邻的西部，也有众多祠堂、书院采用了这样的装饰。

灰塑、陶塑及嵌瓷以戏曲或历史人物为主要表现题材，具有雅俗共赏的特征，这是其获得发展的重要因素。这些人物角色特征的塑造与粤剧的发展有很大关系。明清时期，粤剧是岭南地区流行的剧种，在人们的文化娱乐生活中占有重要地位。各种戏曲文物受不同阶层人们的喜爱，于是灰塑、陶塑及嵌瓷艺人将各种戏曲人物形象化，将艺术的瞬间永恒化，创造了众多深受人们喜爱的工艺作品。同时，灰塑、陶塑及嵌瓷人物的场景空间均刻绘精细，其亭台楼阁的形式、花草树木的造型及人物服饰刻画等，全面反映了岭南人们的居住、服饰、饮食等民俗生活，是民俗研究的重要物象。

广东顺德西山庙灰塑三国故事“单刀赴宴”

岭南一带的灰塑、陶塑及嵌瓷反映的岭南文化，是以儒家文化为中心，融合道教文化的精神，又与商业文化、世俗文化兼容并蓄的一种多元文化。其中，最为普遍的是反映儒家“孝、义、仁、智、忠、信”观念的作品，以各种戏曲人物、人物群象为媒介，宣扬孝悌忠信、礼义廉耻等观念，对宗族成员及其他民众进行德化教育。因此在广州陈家祠、佛山祖庙、三水胥江祖庙、德庆悦城龙母祖庙等代表性的祠庙建筑中，到处可见建筑装饰工匠们塑造的“桃园结义”、“长坂坡”、“古城会”、“郭子仪祝寿”、“梁山聚义”等表现忠孝节义题材的画面。

因地理位置偏远，岭南地区受中央政权正统观念的控制也相对较松，其建筑装饰也有明显的地方性。各种建筑装饰题材除表现正统儒家思想外，也乐于追逐道家超脱世俗的境界。在佛山祖庙、三水胥江祖庙中，就塑造了众多源于道教信仰的神祇，如龙王朝玉帝、仙女下

广州陈家祠的灰塑、陶塑及嵌瓷装饰是该建筑的重要看点

人们也乐于将生活中丰富多彩的色调体现到宗庙的建筑装饰上（广东佛山祖庙）

广州陈家祠主厅聚贤堂正脊上灰塑造型为双层架构，高达1米

凡、八仙过海、刘海戏金蝉等。陈家祠门头灰塑中也有八仙祝寿与童子的造型，这些题材表达了人们对超越现实生活的神仙境界的向往。对这种"向往"作进一步解读之后，我们可以发现，这种"超脱"实际上是人们祈求幸福、平安，追逐美好生存状态的心理祈求，也是根植于民间的"趋利避害"的世俗文化，如瓜瓞连绵、榴开雀聚、麒麟送子的求子文化，花开富贵、马上封侯、五福捧寿的吉祥文化等。

此外，岭南文化还带有明显的重商重利色彩，带有功利务实的一面，因此以铜钱作为装饰题材的很常见。如广州陈家祠山墙上的灰塑铜钱与蝙蝠纹，寓意陈家平安富贵，财源广进。

一、灰塑

广州陈家祠屋脊灰塑

灰塑，在当地民间又称灰批，是岭南特有的建筑装饰塑型工艺。因其成本低廉、容易塑形且易于达到热闹喜庆的效果，被广泛用于祠堂、寺观及宅院的装饰。明代开始已盛行于广州、南海、番禺、顺德、肇庆、潮汕等地区，至清代更为普遍，这一传统工艺也传播到广西东部和闽南地区。

灰塑是以石灰或贝灰为主要原料做成灰

灰塑、陶塑主要用于位置较高、远距离观赏的建筑部位,此为广东佛山祖庙屋脊戏文群雕“哪吒闹海”

膏，以铁木为骨架，根据建筑空间和装饰部位的需要设计图案，最终塑制成型的工艺。其灰膏分为纸筋灰和草筋灰两种：纸筋灰是在石灰和贝灰中掺入纸筋，反复捶捣至不沾灰为止，用于灰塑作品表层的细部塑造，特别是人物的面颈部；草筋灰是在白灰或贝灰中掺入河砂制成砂浆，再将浸泡捣烂的稻草、麻皮等掺入砂浆中，反复捶捣为黏性和韧性较强的灰浆，是塑型的主要材料。

灰塑的色彩十分绚丽，其色彩有两种制作手法：一种是在塑制成型后以矿物颜料施绘赭红、朱砂、墨黑、铬黄、绿等绚丽色彩；另一种是在灰膏调制时即掺入各种矿物颜料制成彩色灰浆，直接用来批塑各种形象，颜色较前者偏暗，但色彩经久不脱落。

灰塑主要用于屋脊、门头窗套、山花等位置较高、适宜远距离观赏的建筑部位。广州陈家祠灰塑建筑装饰，主要分布于门头上部、墙上和大堂、门厅、厢房、庭院连廊及东西斋屋顶的正脊和垂脊上，总长约1800米左右，其中仅屋脊灰塑就有225米，其形制特别高大，主厅聚贤堂正脊上灰塑造型高达1米，门庭脊饰灰塑也有0.9米高，都是双层架构，亭台联幢，人物密布，五彩缤纷，目不遐接。题材包括人物、花鸟、亭台、楼阁、山水等。

按照工艺的不同，灰塑分为多层次立体灰塑、单体圆雕灰塑和浮雕灰塑等三种形式，不同的建筑部位使用不同形式，一般说来，屋脊以多层次立体灰塑及单体圆雕灰塑为主，门头窗框及墙上等处多用浮雕灰塑。多层次立体灰塑以筒瓦作躯体，以铁木为支撑，以铜丝或铁丝制作骨架，以草筋灰堆塑成形，表现对象以成套的戏曲或历史故事场面为主。因为场景浩大，人物众多，通常把单个人物分开制作，再

灰塑、陶塑将戏曲艺术的瞬间形象永恒化，此为广东佛山祖庙收藏的大型戏剧集锦陶塑

安装在已预先完成的场景中。如广州陈家祠堂中进正厅屋脊的灰塑，在一字排开、层层的亭台楼阁中，各种戏曲人物掩映其间，层次丰富，场景宏大。以雕塑精细见长的佛山祖庙灵应祠文昌宫脊饰，“聚义梁山”灰塑也令人惊叹，聚义厅大堂重瓴联阁，众英雄好汉穿行其间，楼上窗内还有人物俯身张望，一个个人物花团锦簇。为了让观赏的人看得真切，灰塑还特意向地面适度倾斜，十分人性化，可见匠心独具。

单体圆雕灰塑为独立的鳌鱼、罗汉等立体感较强的形象，以铁丝作骨架，草筋灰塑型，强调所塑形象的力度感及坚固性，多用于垂脊末端或正脊两端。

浮雕式灰塑制作工艺，是先在壁龛内置铁木支架固定预埋铜丝、铁丝，然后再用草筋灰浮雕各种形象。此类灰塑一般用于脊基、山墙及门楣装饰，题材常见“太师少师”、龙凤麒麟等瑞兽，松鹤延年、喜鹊登梅等吉祥花鸟及山水博古等，皆寓意吉祥富贵。如始建于南宋嘉定元年，几毁几建后扩建于清光绪年间的广东三水胥江祖庙，高峻的正脊上，塑有富丽堂皇的灰塑作品，分上中下三层，上层为灰塑加嵌瓷的双龙戏珠、鳌鱼，中层为琳琅满目的戏文，下层是大型山水奇石灰塑。广东番禺沙湾留耕堂，在宗祠山门前的广场东西两侧墙上，有“双龙戏珠”、“龙凤呈祥”、“麒麟呈瑞”等吉祥题材的大型灰塑，以及“留耕”二字，期望建祠以造福后人，与“阴德源从祖宗种，心田留与子孙耕”的心愿相吻合。

灰塑被广泛用于岭南祠堂屋脊、门头

广西恭城湖南会馆灰塑浮雕

以雕塑精细见长的佛山祖庙灵应祠文昌宫脊饰“聚义梁山”灰塑

高浮雕式灰塑用于脊基，塑有松鹤延年吉祥题材，脊饰为大型陶塑

表现儒家忠孝节义题材的灰塑三国演义故事“桃园结义”

单体圆雕灰塑力度感较强，强调所塑形象的立体感

二、陶塑

陶塑是用陶土塑成所需造型之后，经由高温煅烧成形，然后用糯米与红糖汁作为黏结材料，把烧制好的陶塑构件镶嵌在预定部位的装饰工艺。陶塑材料较为粗重，且需要烧结成形，不如灰塑制作工艺灵活，因而其形象不如灰塑精致。岭南建筑中的陶塑饰件多为在陶坯上施彩色釉后再烧制的釉陶器，但它的优点是结实、防水防晒，经久耐用。

祠庙建筑中的陶塑，多用于屋脊，也散见于墙体、栏杆装饰。屋脊饰件多运用圆雕和透雕手法，多塑成人物、器物、动物、卷草花卉等。广州陈家祠堂各殿堂仅正脊装饰中的各种人物形象就达224人，正脊陶塑总共有11条。人物、动物陶塑约烧制于清光绪十六年至十九年间，工时前后延续近4年。在11条脊饰中以聚贤堂的规模最大，总长27米，高达2.9米，连灰塑制成的底座总高4.26米，题材以戏曲故事和民间传说为主，涉及“八仙贺寿”、“加官进爵”等。除人物故事外，其他脊饰陶塑题材还包括

门头陶塑古装人物“加官进爵”等

陶塑是用陶土塑成之后，经由高温煅烧成形

岭南多陶塑　祖庙藏珍品

广东佛山祖庙建于宋，已历岁久远，为诸庙之首，除有戏台、牌坊、大殿、楼阁外，还保存和陈列着许多陶塑、木雕等珍品。

佛山祖庙庆真楼前大型陶塑“穆桂英挂帅”楼台层叠，人物众多

广东佛山石湾陶塑人物群像之一

陶塑人物群像之二

佛山祖庙是一座陶塑木雕博物馆

龙凤、花鸟、山水、阁楼等。如始建于宋代，重修于明代的广西梧州龙母庙，山门及正殿的屋脊上均饰有“双龙戏珠”的彩色陶塑，衬以红墙绿瓦，在阳光照耀下熠熠生辉，五个龙子栩栩如生。用于墙饰的陶塑，常见于漏窗、花墙上，以造型简练的几何图案较为常见。

广东潮州青龙石寺屋顶的大型陶塑“战将如云”精彩夺目，个个人物手握兵器，盔甲在身，英姿勃勃，灵气动人，吸引着过往行人驻足欣赏。

陶塑材料结实、防水防晒，经久耐用

祠庙建筑中的陶塑，多用于屋脊

清代服饰的牛郎织女陶塑

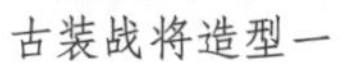
古装战将造型一

古装战将造型二

古装战将造型三

广东潮州青龙古寺屋顶大型陶塑“战将如云”

三、嵌瓷

嵌瓷俗称“聚饶”、“贴饶”或“扣饶”，始创于明代，盛行于清代。它是以灰泥制作成装饰形体后，在形体表面贴饰彩色碎瓷片的装饰工艺，其骨架与灰塑相同，也要以铁丝或木架作支撑，以石灰、贝灰、细砂、麻等制成的草筋灰塑型，最后贴瓷。嵌瓷流行于粤东一带，在潮州地区尤为常见，闽南也有采用，经济美观，且能防止海风侵蚀，历经风雨而不褪色。

嵌瓷因其色彩绚丽，层次丰富，尤适于表现寓意吉庆祥瑞的花鸟、动物图案。初始，嵌瓷多利用碎瓷片在屋脊上拼贴成简单的花鸟图案，形制较为粗糙。至清代，部分瓷器作坊开始专为嵌瓷烧制颜色多样的低温瓷器，嵌瓷图案逐渐丰富起来，可以根据需求镶嵌成半贴、浮雕或立体的人物、花鸟、虫鱼、博古等，多种样式，结构复杂。始建于唐代的潮州开元寺，经过历代数次重修，其屋脊上保留了精美的嵌瓷装饰。如大雄宝殿脊饰，为嵌瓷双凤牡丹，并衬以卷草图案，工艺细致，色彩艳丽。广东潮州彩塘镇丛熙公祠，屋脊的嵌瓷绚丽多彩，曾轰动一时。岭南很多祠庙都借助嵌瓷晶莹闪亮、色彩艳丽的特点。在屋脊、鸱吻、飞檐翘角处做成较为夸张的漫卷式的龙之须、凤之尾，极有个性，以明亮的天空为背景，十分壮美。

按照工艺的不同，嵌瓷可以分为平瓷、半浮瓷及浮瓷三类。平瓷工艺较为简单，先用石灰、红糖和草筋等调匀成灰浆，然后将彩色瓷片按照预设的图案拼镶在灰泥表面，将瓷面与灰面一样抹平。半浮瓷，是用灰浆打底后，按照设计大体塑出凸凹不平的图案浮坯，最后

利用碎瓷片在屋脊上拼贴成孔雀图案的广东潮州开元寺大殿正脊

潮州开元寺大雄宝殿嵌瓷脊饰“双凤牡丹”

用瓷片嵌贴。浮瓷则要用铁丝先扎好骨架后，用灰浆堆塑成形，最后瓷片嵌贴表面而成。平瓷、半浮瓷及浮瓷根据建筑位置或结构，分饰于屋脊、屋檐和影壁等不同部位。屋脊嵌瓷多为“双龙戏珠”、“凤穿牡丹”等题材，鸱吻处多饰以立雕的戏文人物，影壁及屋檐下的嵌瓷，往往会有场面稍大的人物故事，另外也有祥禽瑞兽、吉祥花鸟等。

广东潮州青龙古寺嵌瓷脊饰“双龙戏珠”

闽南地区嵌瓷艺术集萃

赏析

嵌瓷工艺始创于明，盛行于清，流行于粤东一带，在潮州地区尤为常见，闽南也有采用。它经济、美观，且能防止海风侵蚀，历经风雨而不褪色。

嵌瓷勾出屋脊的云朵轮廓

福建晋江安海龙山寺飞檐“西游记”嵌瓷装饰

屋脊走龙嵌瓷

嵌瓷屋脊与陶塑结合运用

岭南很多祠庙都采用嵌瓷手法在飞檐翘角处做夸张的龙凤造型

福建泉州天后宫屋脊嵌瓷装饰色彩斑斓

参考文献

[1] 潘谷西. 中国建筑史（第五版）[M]. 北京：中国建筑工业出版社，2004.

[2] 国家文物局. 中国名胜词典 [M]. 上海：上海辞书出版社，2001.

[3] 王其筠. 中国建筑图解词典 [M]. 北京：机械工业出版社，2008.

[4] 高阳. 中国传统建筑装饰 [M]. 天津：百花文艺出版社，2009.

[5] 候幼彬，李婉贞. 中国古代建筑历史图说 [M]. 北京：中国建筑工业出版社，2002.

[6] 庄裕光，胡石，何兆兴，朱穗敏. 中国古代建筑装饰·彩画 [M]. 南京：江苏美术出版社，2007.

[7] 庄裕光，胡石，何兆兴，张磊. 中国古代建筑装饰·装修 [M]. 南京：江苏美术出版社，2007.

[8] 张道一，唐家路. 中国古代建筑三雕 [M]. 南京：江苏美术出版社，2007.

[9] 刘大可. 中国古建筑瓦石营法 [M]. 北京：中国建筑工业出版社，1993.

[10] 潘鲁生，赵屹，唐家路，孙磊. 民居宅院 [M]. 济南：山东美术出版社，2005.

[11] 苍石. 中华龙 [M]. 北京：中国电影出版社，2000.

[12] 长北. 江南建筑雕饰艺术·徽州卷 [M]. 南京：东南大学出版社，2005.

[13] 张道一，郭廉夫. 古代建筑雕刻纹饰 [M]. 南京：江苏美术出版社，2007.

[14] 陈建行. 苏州园林 [M]. 北京：中国旅游出版社，2000.

[15] 陈克寅. 承德揽胜 [M]. 北京：中国旅游出版社，2001.

[16] 胡石，徐扬. 中国古建筑经典——典雅之美 [M]. 北京：机械工业出版社，2011.

[17] 郭建国，田勇. 浓彩清疏室传情——传统建筑装修 [M]. 北京：中国建筑工业出版社，2006.

[18] 王其筠. 中国建筑装饰语言 [M]. 北京：机械工业出版社，2008.

[19] 卞志武. 雪域圣殿 [M]. 北京：中国旅游出版社，2009.

[20] 杨鸿勋. 江南园林论 [M]. 台北：台北南天书局，1994.

[21] 田永复. 中国园林建筑构造设计 [M]. 北京：中国建筑工业出版社，2008.

[22] 高珍明，王乃香，陈瑜. 福建民居 [M]. 北京：中国建筑工业出版社，1987.

[23] 曹春平. 闽南传统建筑 [M]. 厦门：厦门大学出版社，2006.

[24] 楼庆西. 中国小品建筑十讲 [M]. 北京：三联书店，2004.

[25] 陆琦. 广东民居 [M]. 北京：中国建筑工业出版社，2008.

[26] 王强. 内蒙古地区蒙古族毡帐建筑装饰艺术 [M]. 呼和浩特：内蒙古工业大学出版社，2006.

[27] 王仲奋. 国之瑰宝——东阳民居 [M]. 浙江：东阳文史资料选辑第22辑，2006.

[28] 王伟. 论山西古建筑中的琉璃装饰 [M]. 太原：山西大学出版社，2007.

[29] 郑欣淼，朱诚如. 中国紫禁城学会论文集第5辑 [M]. 北京：紫禁城出版社，2007.

[30] 刘秋霖，刘健，王亚新，韩文宥，关琪. 紫禁城建筑纹样 [M]. 天津：百花文艺出版社，2010.